服装打板与缝制快速入门系列

连衣裙篇

鲍卫兵　编著

东华大学出版社

·上海·

内 容 提 要

　　本书是一部从工业化服装纸样和工业化生产的角度，专门研究连衣裙打板和制作的文本。主要内容有：细化四种基本型，列举三十一个实例。其中包括了：面料种类，制图和缝制要点分析，尺寸规格设置，板型演变，打揽和立体褶特种工艺，礼服立裁，放码和答疑等诸多内容，并配有实际效果图片和完整的裁片图。注重实用性，为广大的服装爱好者、经营者和服装公司纸样师提供了详实的参考资料。

图书在版编目（CIP）数据

服装打板与缝制快速入门系列·连衣裙篇 / 鲍卫兵
编著. —上海：东华大学出版社，2015.3

ISBN 978-7-5669-0728-8

Ⅰ.①服…　Ⅱ.①鲍…　Ⅲ.①连衣裙—纸样设计
②连衣裙—服装缝制　Ⅳ.①TS941　②TS941.717.8

中国版本图书馆CIP数据核字（2015）第023792号

责任编辑　杜亚玲
封面设计　魏依东

服装打板与缝制快速入门系列·连衣裙篇
Fuzhuang Daban Yu Fengzhi Kuaisu Rumen Xilie Lianyiqunpian

编　　著：鲍卫兵
出　　版：东华大学出版社（上海市延安西路1882号，200051）
网　　址：http://www.dhupress.net
天猫旗舰店：http://dhdx.tmall.com
印　　刷：苏州望电印刷有限公司
开　　本：889mm×1194mm　1/16
印　　张：15
字　　数：528千字
版　　次：2015年3月第1版
印　　次：2015年3月第1次印刷
书　　号：ISBN 978-7-5669-0728-8 / TS·592
定　　价：38.00元

序　言

　　本书从工业化生产的角度,阐述了连衣裙的尺寸设置、打板、做样衣、放码、排料、裁剪、缝纫、整烫、包装的全套过程;重点介绍了四种连衣裙基本型的制作方法。分别是:

第一种　后中整片式基本型;

第二种　后中剖缝式基本型;

第三种　无胸省宽松基本型;

第四种　针织基本型。

　　本书详细地叙述板型、省道、领型、袖型的变化和细节处理;共有30多款不同的连衣裙款式变化。有大摆连衣裙,特种褶连衣裙,吊带连衣裙,立裁、斜裁连衣裙,插肩袖、连身袖连衣裙,钮结、抽褶、打揽连衣裙,罗马褶连衣裙,拼色综合转省连衣裙,开襟倒梯形连衣裙,系带式交叉褶连衣裙,不对称垂坠领收省袖连衣裙等。本书适合于服装爱好者、服装公司的纸样师和希望在淘宝网上开店、制作和销售服装的人士。

　　本书介绍的是一种适合工业化生产、批量生产的数字化打板技术,最大限度地简化了繁琐难记忆的公式,当然也吸收了比例法和原型法的优点对连衣裙的板型进行细化,突破了一般服装工具书的章节安排和风格。

　　另外需要说明的是本书的内容比较新,学习上是有一定难度的,建议初学服装的朋友可以先看一些比较基础的服装工具书,如严建云老师的《服装结构设计与缝制工艺基础》,也可以先阅读作者早期的作品《女装工业纸样——内/外单打板与放码技术》。

鲍卫兵

2015年1月23日于深圳南山

目　　录

第一章　服装面料种类和特征

一、常见的服装面料种类和特征

针织布　针织布是利用织针将纱线弯曲成圈,并相互穿套而形成的织物,分经编针织布和纬编针织布。针织布有很好的弹力,穿着舒适,广泛适合制作多种时装产品。

塔涤夫　英文名为 Polyester Taffeta,又被称为塔夫绸。由涤纶丝或仿真丝制成。涤塔夫是一种全涤薄型面料,是涤纶长丝织造,外观上光亮,手感光滑。这样的布叫涤塔夫,可以做面料和里料,现在一般做里料多。

欧根莎　也叫柯根纱,欧根纱。它是一种婚纱面料,是质地透明和半透明的轻纱,多用于覆盖在缎布或丝绸上面。

网布　有很多眼的面料,硬度不同分硬网和软网,可以做内撑或者里布,也可以做夏季服装。

灯心绒　灯心绒绒条圆润丰满,绒毛耐磨,质地厚实,手感柔软,保暖性好。主要用做秋冬服装、鞋帽面料,也宜做家具装饰布、窗帘、沙发面料、手工艺品、玩具等。

丝绒　丝绒产品是真丝和羊绒混合而成,它兼容了真丝具有明亮、悦目、柔和光泽、吸湿透气、轻盈滑爽、富有弹性、羊绒纤维细、轻、柔软、韧性好、不易褪色的两种特点,宜贴身穿着。

色丁布　色丁布的特点是光滑,有亮度,分弹力色丁,仿真丝色丁等,可用于制作睡衣、衬衫、连衣等时装。

蕾丝　蕾丝是一种雕花织物,分蕾丝花边和整匹蕾丝,可用于服装装饰或者时装内衣的制作。

二、棉布

1. 纯棉

棉布是各类棉纺织品的总称。顾名思义是全部以棉花为原料织成,具有保暖、吸湿、耐热、耐碱、卫生等特点。它多用来制作时装、休闲装、内衣和衬衫。它的优点是轻松保暖,柔和贴身,吸湿性、透气性甚佳。它的缺点则是易缩、易皱、易泛旧,外观上不大挺括美观,在穿著时必须时常熨烫。

2. 精梳棉

正确的法是"精梭棉"。简单地说就是织得比较好,处理得比较好,而且是纯棉的。这类布料可以最大限度地防止起球。

针织布　　　　　　　　　　　　　　　　　丝绒

3. 涤棉

由涤纶和棉混纺成。相对于"精梭棉"来说要容易起球。但是因为有涤成分所以面料相对纯棉来说要软和一点,不容易起皱,但是吸湿性要比纯棉差一些。

4. 水洗棉

水洗棉是以棉布为原料,经过特别处理后使织物表面色调、光泽更加柔和,手感更加柔软,并在轻微的皱度中体现出几分旧料之感。这种衣物穿用洗涤具有不易变型、不褪色、免熨烫的优点。比较好的水洗棉布的表面还有一层均匀的毛绒,风格独特。

5. 冰棉

冰棉以薄、透气、凉爽等特点对抗夏日。通俗点说,就是在棉布上又加了个涂层,颜色以单一色调为主,有白、军绿、浅粉、浅褐等,冰棉有透气、凉爽的特点。手感光滑柔软,有凉凉的感觉。表面有自然褶皱,穿在身上薄而不透。适合女士制作连衣裙、七分裤、衬衫等,穿起来别有风格,是制作夏日服装的上等面料。纯冰棉是不会缩水的。

6. 莱卡棉

就是在棉布中加入了莱卡。莱卡(LYCRA)是杜邦公司独家发明生产的一种人造弹力纤维,可自由拉长 4 至 7 倍,并在外力释放后,迅速回复原有长度。它不可单独使用,能与任何其他人造或天然纤维交织使用。它不改变织物的外观,是一种看不见的纤维,能极大改善织物的性能。其非凡的伸展与回复性能令所有织物都大为增色。含莱卡衣物不但穿起来舒适合体,行动自如,而且独具超强的褶皱复原力,衣物经久而不变形。

7. 网眼棉

网眼棉也是纯棉,只不过织法和普通棉布不同,而且更吸汗不易变形。

8. 丝光棉

丝光棉选用的棉花原料较为高档,又经过一系列严格的加工程序,其产品可谓棉种中极品,既保留了纯棉柔软舒适、吸湿透气的天然优点,还具有很多独特优势:1)纱线强力增大,不易断裂;2)光泽度增加,有丝一般亮度;3)染色性能提高,色泽鲜亮,不易掉色;4)纱线断裂深度随张力的增大而减少,即不易拉长而变型。

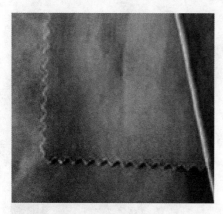

莱卡棉

麻布

三、麻布

麻布是以亚麻、苎麻、黄麻、剑麻、蕉麻等各种麻类植物纤维制成的一种布料。一般被用来制作休闲装、工作装,目前也多以其制作普通的夏装。它的优点是强度极高,吸湿、导热、透气性甚佳,穿着极其有型。它的缺点则是穿者皮肤感觉不甚舒适,外观较为粗糙,生硬。服装面料常见的一般是棉麻混纺,一般采用55%麻与45%棉或麻、棉各50%比例进行混纺。外观上保持了麻织物独特的粗犷挺括风格,又具有棉织物柔软的特性,改善了麻织物不够细洁、易起毛的缺点。棉麻交织布多为棉作经、麻作纬的交织物,质地坚牢爽滑,手感软于纯麻布。麻棉混纺交织织物多为轻薄型,适合夏季服装。

四、丝绸

丝绸是以蚕丝为原料纺织而成的各种丝织物的统称。与棉布一样,它的品种很多,特性各异。它可被用来制作各种服装,尤其适合用来制作女士服装。

1. 雪纺

服装面料中,最常见的就是雪纺了,雪纺又叫乔其纱、乔其绉。根据所用原料可分为真丝雪纺、人造雪纺和涤纶丝雪纺等几种,同样是雪纺面料,不同的原料所织成的面料性能差别也是很大的,质地和手感的相差甚远,所以价格差别也非常的大。雪纺面料质地柔软、轻薄透明,手感滑爽富有弹性,外观清淡爽洁,具有量好的透气性和悬垂性,穿在身上舒适感很强,非常的飘逸;差的雪纺面料手感僵硬,贴在皮肤上不是很舒适。

塔夫绸

2. 双绉

双绉的主要特点是表面起有细微均匀的皱纹,质感轻柔、平滑,色泽鲜艳柔美,富有弹性,穿着舒适、凉爽,透气性好,绸身比乔其纱重。缩水率较大。

3. 塔夫绸

又称塔夫绢,是一种以平纹组织制织的熟织高档丝织品。经纱采用复捻熟丝,纬丝采用并合单捻熟丝,以平纹组织为地,织品密度大,是绸类织品中最紧密的一个品种。塔夫绸的特点是绸面细洁光滑、平挺美观、光泽好,织品紧密、手感硬挺,但折皱后易产生永久性折痕,因此不宜折叠和重压,常用卷筒式包装。塔夫绸是女士礼服的上品,各国的妇女都很喜欢。但塔夫绸生产工艺复杂,产量不多,只能有限供应,这样更显得其名贵难得了。

花呢

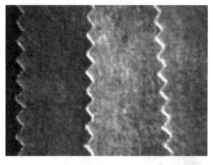
法兰绒

五、毛料（又叫呢绒）

是用各类羊毛、羊绒织成的织物或人造毛等纺织成的衣料。常见服装面料有以下几种:

1. 华达呢

是精纺呢绒的重要品种之一。风格特点:呢面光洁平整,不起毛,纹路清晰挺直,纱线条干均匀,手感滑糯,丰满活络,身骨弹性好,结实耐磨。光泽自然柔和,无极光,显得较为庄重。

2. 哔叽

哔叽是精纺呢绒的传统品种。风格特点:色光柔和,手感丰厚,身骨弹性好,坚牢耐穿。

3. 花呢

花呢是精纺呢绒中品种花色最多、组织最丰富的产品。利用各种精梳的彩色纱线、花色捻线、嵌线做经纬纱,并运用平纹、斜纹、变斜或经二重等组织的变化和组合,能使呢面呈现各种条、格、小提花及颜色隐条效应。如按其重量可分薄型、中厚型、厚型花呢三种。（1）薄型花呢的面密度一般在 $280g/m^2$ 以下,常用平纹组织织造。手感滑糯又轻薄,弹性身骨好,花型美观大方,颜色艳而不俗,气质高雅。（2）中厚花呢的面密度一般在 $285\sim434g/m^2$ 之间,有光面和毛面之分。特点是呢面光泽自然柔和,色泽丰富,鲜艳纯正,手感光滑丰厚,身骨活络有弹性,适于制作西装、套装。（3）厚花呢的面密度一般在 $434g/m^2$ 以上,有素色厚花呢,也有混色厚花呢等。特点是质地结实丰厚,身骨弹性好,呢面清晰,适于制作秋、冬季各种长短大衣等。

4. 凡立丁

又名薄毛呢,风格特点:呢面经直纬平,色泽鲜艳匀净,光泽自然柔和,手感滑、挺、爽,活络富有弹性,具有抗皱性,纱线条干均匀,透气性能好,适于制作各类夏季套装等。

5. 贡丝绵、驼丝绵

是理想的高档职业装面料。风格特点：呢面光洁细腻，手感滑挺，光泽自然柔和，结构紧密无毛羽。

6. 薄花呢

质地轻薄、手感滑爽、穿着舒适、挺括、吸湿好、透气好。

7. 麦尔登

粗纺毛织物的一种，手感丰满，呢面细洁平整，身骨挺实、富有弹性、耐磨不易起球，色泽柔和美观。

8. 法兰绒

原料采用 64 支的细羊毛，经纬用 12 公支以上粗梳毛纱，织物组织有平纹、斜纹等，经缩绒、起毛整理，手感丰满，绒面细腻。法兰绒的生产是先将部分羊毛染色，后掺入一部分原色羊毛，经混匀纺成混色毛纱，织成织品经缩绒、拉毛整理而成。大多采用斜纹组织，也有用平纹组织的。所用原料除全毛外，一般为毛黏混纺，有的为提高耐磨性混入少量锦纶纤维。

六、皮革

在旧的观念中，人们认为皮草是高贵的象征，实际上皮草产品非常不健康，不环保，不卫生，不人道，我们强烈反对制作和使用皮草产品，而提倡使用容易制作和保养的人造革面料。

人造革也叫仿皮或胶料，具有花色品种繁多、防水性能好、边幅整齐、利用率高和价格相对真皮便宜的特点，但绝大部分的人造革，其手感和弹性无法达到真皮的效果；但是随着制作工艺的不断完善和提高，好的人造革已经达到甚至超过了真皮的效果，当然，价格也是与真皮不相上下的。

七、化纤

化纤是化学纤维的简称。它是利用高分子化合物为原料制作而成的纤维纺织品。通常它分为人造纤维与合成纤维两大门类。它们共同的优点是色彩鲜艳、质地柔软、悬垂挺括、滑爽舒适。它们的缺点则是耐磨性、耐热性、吸湿性、透气性较差，遇热容易变形，容易产生静电。它虽可用以制作各类服装，但总体档次不高。

皮革

化纤

八、其它

1. 罗马布

罗马布是针织面料的一种，也称潘杨地罗马布，南方俗称打基布，有弹性，有一定的硬度，表面有不规则的不平整的横条。

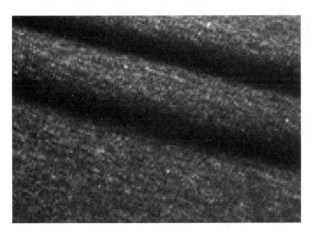 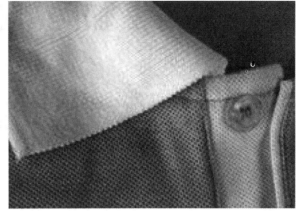

罗马布   珠地布

2. 珠地布

布表面呈疏孔状,有如蜂巢,比普通针织布更透气、透湿、干爽及更耐洗。由于它的织纹比较特殊,很容易辨认,所以也有人叫它"菠萝布"。

因为珠地布吸汗而且不容易变形,不起球,一般用做 T 恤,运动服。即使在酷暑难当之日,它都能给予人们温柔的触感、舒适的享受。外观柔和随意,洗涤后不变形,机洗不变形。

珠地布与全棉针织布相比的不足之处是,全棉针织布更柔软亲肤,用做 T 恤或者翻领都可以。

3. 铜氨丝

铜氨丝属于人造丝的范畴当中,铜氨丝里布能迅速吸收空气中的水分,最高能保持 30% 的水分,同时快速将水分再次挥发到空气中去,不会产生闷湿感。由于该里布不易产生静电,以此作裙衬,不会出现裹腿、跟身的尴尬;缝合效果也比其他里料更显平整、服贴。柔软而不易产生静电的特性使铜氨丝里布具有独特的柔软度,与面料吻合,使衣裙下摆轻盈飘逸。

4. 重磅真丝

重磅真丝是以普通真丝面料的两倍用丝量,经特殊工艺精纺而成,具备普通丝绸面料的特点外,还具有不缩水．挺括、易整理等特点。重磅真丝面料的质量确实高于普通真丝面料,尤其重磅真丝面料极不易挂丝．是其他丝绸面料无法比拟的。

第二章 服装工业化生产基本知识

第一节 服装设计和生产流程

服装设计和生产流程包括：款式设计→打板→做样衣→审核→放码→裁剪→缝纫→整烫→检验→包装。

第二节 缝 纫 设 备

普通缝纫设备（下图）。

平缝机

包缝机

熨斗

烫台

挑边机

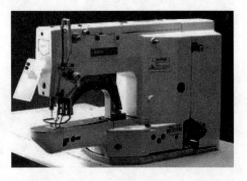

扣眼机

特种缝纫设备(下图)。

模板缝纫机

小型绣花机

直立钉扣机

埋夹机

中型电脑绣花机

第三节　服装号型和规格设置

一、服装号型和规格

在服装工业化生产中,服装号型指的是净尺寸,服装规格指的是成品尺寸。

二、连衣裙基码尺寸设置

服装工业化生产通常是以 M 码作为基码的,其他码数都是在基码上进行放大和缩小而获得。

三、为什么有时要用S码来作为基码?

有少数的服装公司是以 S 码作为基码的,那么为什么要用 S 码来作为基码呢,这是因为有的女性设计师希望能自己试穿自己设计出的作品,这样能够直接体会到作品的合体程度,舒适程度和美观程度。而恰恰她本人身材比较小巧,这样就出现了 S 码为基码的现象,使用 S 码为基码要考虑若服装品牌公司要请时装模特拍宣传画册的时候,所有时装模特公司的模特都是 M 码身材的,也就是说,如果是准备拍宣传画册的,就要在确定了样衣效果后同步做出 M 码样衣。因此本书为了给读者提供方便,在列出 M 码尺寸时同时也列出了推板的档差,读者根据这个档差数据就可以很快地推算出 S 码的尺寸。

尺寸设置可以用查表的方法得到服装的成品尺寸,也可以在人体净尺寸的基础上加上一定的放松量,注意服装尺寸和面料弹力的大小、服装的种类、流行趋势、消费习惯、颜色、季节都有很大的关系,尺寸是可以调节的,服装公司的尺寸表每年都要根据销售部门反馈的信息进行更新。

通常情况下,大家会认为,面料越薄的款式,尺寸应该越小,在实际工作中我们发现,面料很薄的真丝、雪纺类服装的尺寸不可以太小,因为这类服装是夏天穿着的,人体出汗以后,尺寸较小的服装会由于和皮肤之间没有空气夹层,而黏在人体上,因此在设置尺寸时可适当稍大一些。

四、S码和M码成品尺寸表

大多数公司用 M 码作为基码,少数公司用 S 码作为基码,下表中列出了两种尺寸(单位:cm)。

	测量方法	S	M	档差
后中长		83.5	85	1.5
前胸宽		31.6	32.6	1
后背宽		33.6	34.6	1
胸围		88	92	4
腰围		69	73	4
臀围		比胸围大4~5cm		4
肩宽	有袖	35~36	36~37	1
	无袖	34	35	
袖长	长袖	56	57	1
	短袖			
袖口	长袖	22	23	1
	短袖			
袖肥		30.5	32	1.5
袖窿(有袖)		43	45	2
(无袖)		42	44	

从上面这个表格中,我们可以发现女装尺寸设置的 6 点规律:

(1)连衣裙的各个部位和胸围有着一定的比例关系,我们只要知道了胸围尺寸,就能够推算出其他部位的尺寸。如,胸围减去 16cm 为合体腰围的尺寸,胸围加 5cm 为臀围尺寸,胸围的一半减去 1cm 为有袖款式的袖窿尺寸,胸围的一半减去 2cm 为无袖款式的袖窿尺寸。

(2)M 码领圈的最小尺寸,梭织款不小于 56cm,针织款不小于 51,这是最小尺寸,如果再小于这两个数值,就要考虑开衩,或者在后中装拉链,常见的连衣裙款式领圈的尺寸见下图。

全围63.5cm　　　　　　　　　　　全围64cm　　　　全围60cm

全围59cm

全围57cm

全围59cm

（3）当袖山有褶和皱时肩宽要适当缩进。

（4）如果是真丝、雪纺类连衣裙，各部位尺寸可以稍加大一点，这样顾客在夏天穿着时不至于过分紧贴身体。

（5）本书的尺寸没有加缩水率，请读者在实际使用时另外加缩水率。

（6）尺寸设置除了查表的方法外，本书中所列出的30多个款式都已经过实际制作，读者可以根据你所做的款式和面料特征，找到书中相应的款式，按照这个款式的尺寸表来作为设置依据。

另外，设置尺寸还有一个偏大和偏小的问题，这种情况和顾客穿着的习惯有关，可根据实际情况适当进行调节。

第四节　连衣裙各部位名称

连衣裙各部位名称（下图）。

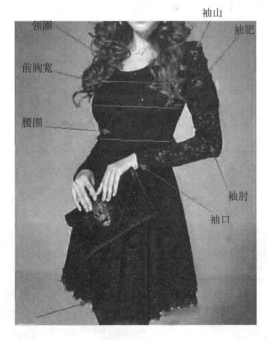

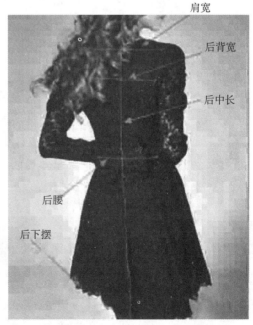

第五节 成年女性标准体型人体净尺寸

成年女性标准体型人体净尺寸见下表(单位：cm)。

高（长）度			宽　度			围　度		
1	总身高	160	1	肩宽	37.5	1	颈围	31
2	后中长	137	2	前胸宽	33	2	颈根围	36
3	前胸长	39.5	3	后背宽	35	3	胸围	86
4	后背长	37	4	乳宽	18	4	腰围	64
5	手臂长	58				5	臀围	90
6	肩至肘	29.5				6	臂根围	38
7	腰至臀	18				7	臂围	28
8	腰至裆	26				9	肘围	24
9	腰至膝	56				10	掌围	21
10	腰至足跟	100				11	手掌围	17
11	乳至肩颈	23.5				12	腿根围	52
12	裆至膝	30				13	膝围	36
13	颈至膝	94				14	踝围	21
						15	胸口围	84
						16	头围	55

注：以上均为基本型M码参考尺寸，特殊时装款式将有所变化。

第六节 确定服装细节部位尺寸的方法

经常有学习打板的朋友来问，服装细节部位的尺寸怎样来判断和确定？例如下面这个款式中，前领深应该确定在多少厘米？

一、比例法

比例法是通过计算比例的方法，这种方法首先要求款式图的比例要准确，一些手绘的款式图和比较抽象的款式图，会影响计算的准确性。具体的方法是：

在上页款式中,我们用尺子量出肩颈点到前领深的长度为 1.9cm,再量出肩颈到下摆的长度为 14.8cm,用 14.8 除以 1.9 等于 7.78,这个 7.78 是前领深在总衣长上所占的比例值。再在底稿上量取肩颈点到下摆的实际长度为 84cm,用 84cm 除以比例值 7.78 等于 10.7cm,即前领深的实际长度为 10.7cm。

二、目测法

比例法适合于初学者,当有了一定的打板经验,就可以用目测的方法更加快速地得到各部位的长度和宽度。具体方法是在款式图上画出前中线、胸围线、腰围线和臀围线等参照线条,这样就可以中线线条作为参照,快速准确地判断细节部位的尺寸了。

第七节　连衣裙加放松量

一、连衣裙的胸围放松量

胸围净尺寸上通常要加 4~6cm 的放松量,如果是针织款式,可以加 0~-4cm。

二、服装的合体程度、美感程度和包容性

人在呼吸和运动时服装都需要一定的放松量,不要过分地追求合体程度,那样会造成尺寸偏小。毕竟服装是要人来穿的,服装不是人体彩绘,冬季服装在试制时要模拟冬天里面穿的保暖衣或毛线衣。

服装打板,每一位纸样师的绘图方法都是不一样的,但是当纸样师积累了几年的经验,不停地调整尺寸和造型,通常都能做出美观的衣服,这说明什么问题呢?这说明第一点:服装是有很大的包容性的,穿着服装的人也是动态的,美感是一个很广泛的概念;第二点:板型是可以调节的,好的板型是经过多次调节和优化得到的。

第八节　服装制图符号

服装制图符号见下图。

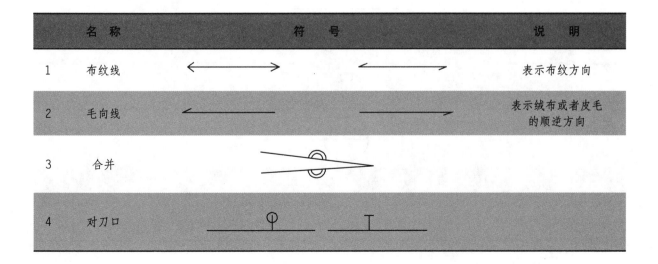

	名　称	符　号	说　明
1	布纹线		表示布纹方向
2	毛向线		表示绒布或者皮毛的顺逆方向
3	合并		
4	对刀口		

（续表）

名 称	符 号	说 明
5 黏合衬	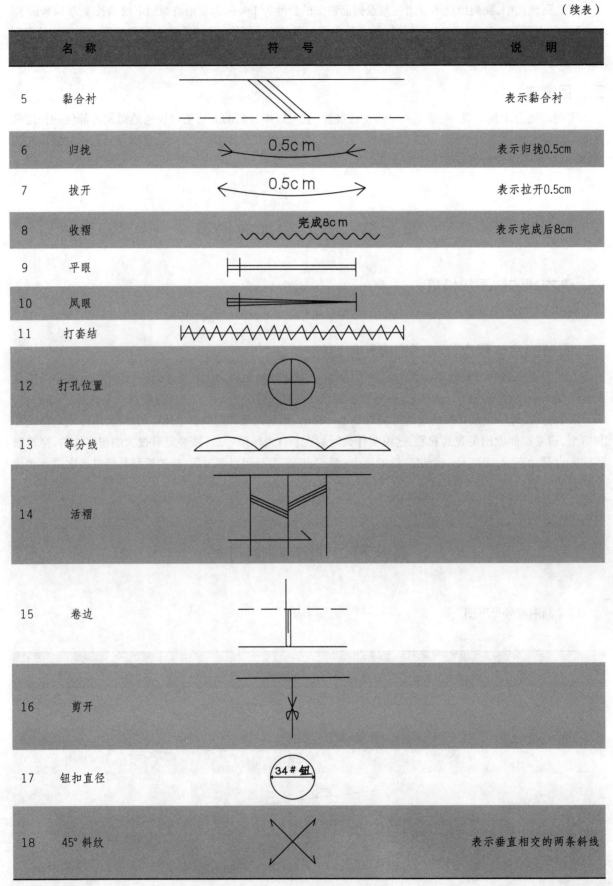	表示黏合衬
6 归拢	0.5cm	表示归拢0.5cm
7 拔开	0.5cm	表示拉开0.5cm
8 收褶	完成8cm	表示完成后8cm
9 平眼		
10 凤眼		
11 打套结		
12 打孔位置		
13 等分线		
14 活褶		
15 卷边		
16 剪开		
17 钮扣直径	34#钮	
18 45°斜纹		表示垂直相交的两条斜线

第九节 服装纸样的制作方法

一、手工打板（下图）

 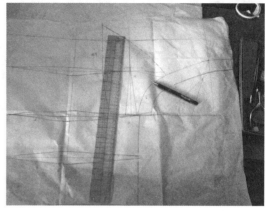

二、计算机打板（下图）

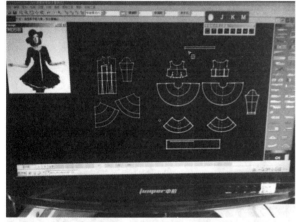

专用服装CAD软件

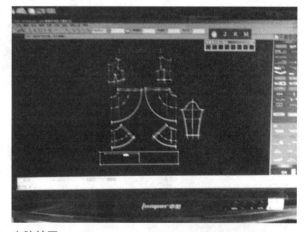

电脑绘图

读图仪

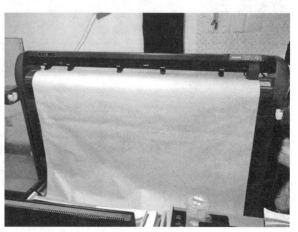

电脑绘图机

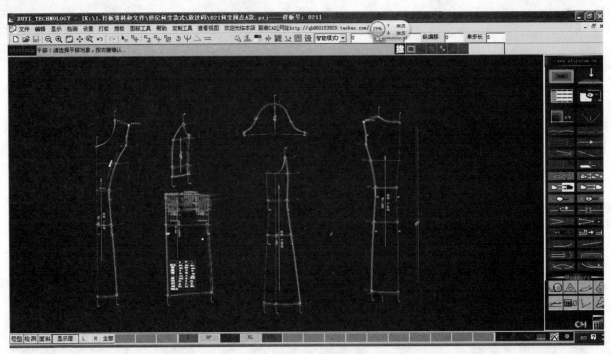

计算机放码

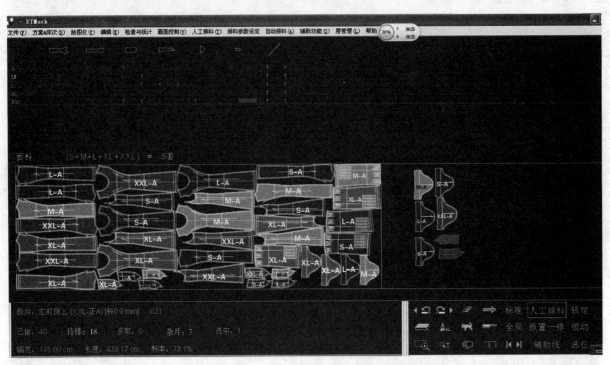

计算机排料

三、正确认识计算机打板CAD和手工之间的关系

随着服装专用CAD的硬件设备的降价和软件种类的增加，我国的服装CAD应用已经快速普及，正确认知计算机打板和手工打板之间的关系非常有必要，我们不要盲目夸大计算机打板的功能和作用，既不要认为计算机打板会完全取代手工绘图技术，也不要像一些从事手工打板几十年的老师傅一样对计算机打板技术怀有成见，认为计算机打板没有手工效果理想，或者认为计算机打板无法做出手工立裁的效果，电子科技

都是人体功能的扩大和延伸,就像手机和打印机一样给人们带来方便和快捷,使经济效益达到最大化,但是手机永远不能完全取代人与人之间的语音交流,打印机也永远不能完全取代手写文字,计算机 CAD 打板和手工打板其实是一种互为补充,互相结合的关系,我们在实际工作中发现计算机打板可以通过打印底稿的方式和手工绘图结合,也可以通过调整屏幕比例的方式来和立裁结合,善于运用计算机打板的人,可以对手工打板有很多的启发,甚至可以用 CAD 绘制表格和款式图,擅长手工打板的人也可以对计算机打板软件的完善和升级提出很多建设性的宝贵意见。

第十节　学习打板技术的难点

在实际工作中,我们发现服装绘图中的线条有着不同的属性,我们把它分为结构线、轮廓线、对称线、辅助线、坐标线、多变线和造型线。

其中多变线,如腰节线、袖窿线、领深线、连身袖的袖底线,这些线条是灵活多变的。

还有的线条属于造型线,如门襟、下摆、口袋、驳头形状、领圈形状、领嘴形状等,这些部位线条的细微变化都会产生不同的效果,不同的线条造型之间的差别非常细微,由于多变线和造型线充满了不确定性,如何把握多变线和造型线是服装打板的难点,它和纸样师的眼光、经验、审美观、艺术修养等有很大关系,同样一个款式,同样的布料和尺寸,由不同的纸样师来完成,结果有的显得平庸、邋遢而毫无生气,有的则令人赏心悦目,充满神韵,这就是对多变线和造型线的理解和把握程度的差别。

第三章　连衣裙四种基本型

基本型的来源和依据：由于成年女性的服装比较强调合体性，我们从人体模型上把表皮复制下来，经过适当的整理就得到了基本型的原始模型（下图）。

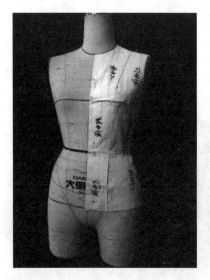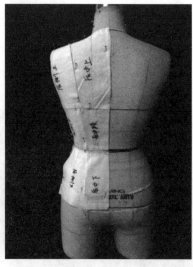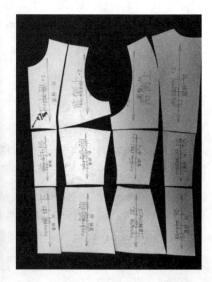

原始图形

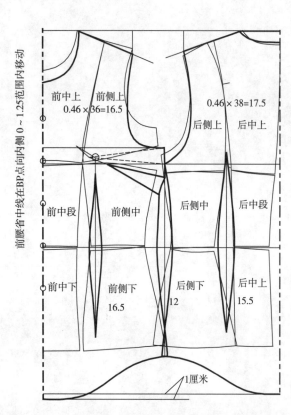

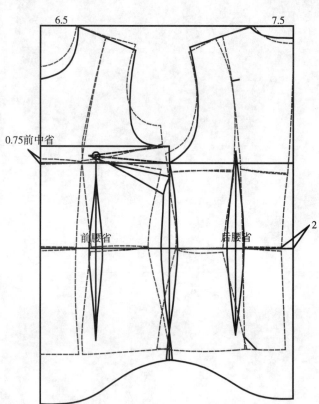

整理后的图形

在这个原始模型上我们可以看到一些基本的尺寸规律：

（1）后中剖缝的最大量为2cm。

（2）后腰省总是比前腰省大一些。

（3）上衣本身存在前中省即乳沟省。

（4）前领横总是比后领横短1cm。

这些规律为我们后面的制图提供了非常重要的依据。

第一节 后中剖缝式连衣裙基本型

一、款式分析

1. 款式特点

前片收腰省，后中露齿拉链，船形领，六分泡泡袖，由黑、白两种颜色的布料组成。

2. 款式设计

款式设计是由专业的服装设计师经过市场调查和对流行趋势的研究分析和预测，设计出针对特定的消费群体、消费档次和年龄段相适应风格的款式。当然也有的采用仿制和整合的方法来确定生产款式。

基码尺寸设置　单位：cm

部位	（度量方法）	M	档差
后中长		77.5	1.5
胸围		92	4
腰围		75	4
臀围		97	4
摆围	（参考尺寸）		4
肩宽	（左右各缩1cm）	35.5	1
袖长	（长袖）	58	1
	（短袖）	15.5	0.5
袖口	长袖（扣合度）	有克夫袖权20 / 有克夫袖权23	1
	短袖（扣合度）	30.5	1.5
袖肥		32	1.5
袖窿	（有袖）	45	2
	（无袖）	44	2

3. 怎样按百分比法计算服装的尺寸

通过大量的实践证明，服装的上衣各个部位和胸围都存在一定的比例关系，下装的各个部位和臀围存在一定的比例关系，过去我国都是以十分比来计算的，但是十分比存在很大的误差，需要用调节量来调节，于是就出现了例如B/10+3这样的公式，这个公式里面有英文，有除号，有加号，有数字，比较难以记忆，给初学者带来很大的障碍。而百分比是把胸围分成两等分，即半胸围，再把半胸围分成一百等分（注意：胸围尺寸不包含省去量），那么每一等分的数值就很小，再乘以百分比比例值就不需要加调节量，如后背宽的比值为38，（写作38%），胸围是92cm，就是用0.46×38=17.48，同样的原理，前胸宽比值为36，（写作36%）就是0.46×36=16.56cm，而读者朋友只需要记住38和36这两个数值就可以了，真正达到了数字化，不需要公式的方便快捷效果。

4. 怎样加缩水率

不同的面料,包括里布和一些辅料,在经过水洗,干洗、整烫等处理后都有不同的收缩现象,收缩的程度用缩水率来表示(注意:有少数面料洗水后会伸长)。

现在的纺织品种类繁多,生产工艺各不相同,导致了面料的缩水率难以掌握,就是同一种面料,不同的颜色和匹数的缩水率都会有不同,在实际工作中,有的面料直向的缩水率大,有的面料横向缩水率大,因此,一些服装工具书或资料上提供的面料缩水率在实际工作中难以适用,最直接的方法就是各取一块面料样品,画上 1m×1m 或者 50cm×50cm 的标记,按照生产要求进行蒸汽缩水或者洗水缩水的模拟试验,不同颜色和匹数的缩水率如果误差较小,可以取它们的平均值作为缩水依据,如果误差较大,则需要分别制作不同缩水率的全套纸样。

缩水率的书写方式为:

面布: 直 –2%,表示经向的每米缩水率为 2cm

横 –3.5%,表示纬向的每米缩水率为 3.5cm

如果写成:

直 +1%,表示经向每米伸长率为 1cm

横 +1.5%,表示纬向每米伸长率为 1.5cm

那么假设一件衣服的胸围为 100cm,就要加入 5cm 的缩水率才能达到完成后的尺寸,但是这 5cm 里面也是有缩水率的,即 5×5% =0.25cm,加起来就是 5.25cm,实际上这样计算还不够精确,因为缝边也是有缩水率的,假设缝边为 1cm,六个缝边为 6cm,那还有 6×5% =0.3cm,那么全部胸围一共要加入 5.25+0.3=5.55cm,即以 105.55cm 作为胸围的制图尺寸。

5. 后片结构图绘图顺序

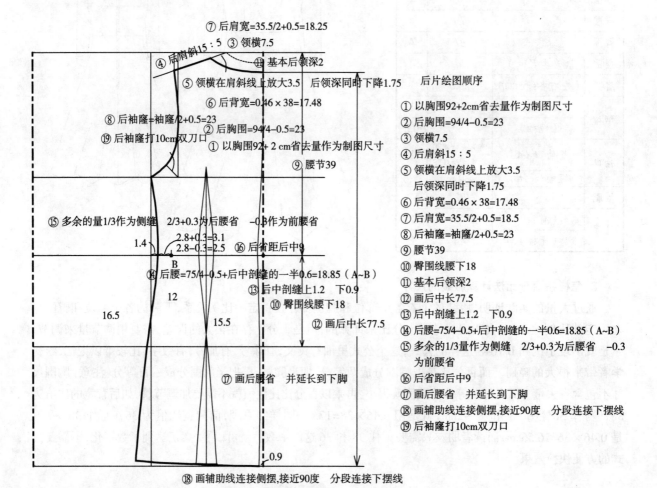

⑦ 后肩宽=35.5/2+0.5=18.25
③ 领横7.5
④ 后肩斜15:5
⑪ 基本后领深2
⑤ 领横在肩斜线上放大3.5 后领深同时下降1.75
⑥ 后背宽=0.46×38=17.48
⑧ 后袖隆=袖隆/2+0.5=23
② 后胸围=94/4-0.5=23
⑲ 后袖隆打10cm双刀口
① 以胸围92+2cm省去量作为制图尺寸
⑨ 腰节39
⑮ 多余的量1/3作为侧缝 2/3+0.3为后腰省 -0.3作为前腰省
1.4
2.8+0.3=3.1
2.8-0.3=2.5
⑯ 后省距后中9
B
⑭ 后腰=75/4-0.5+后中剖缝的一半0.6=18.85(A~B)
12
⑬ 后中剖缝上1.2 下0.9
⑩ 臀围线腰下18
16.5
15.5
⑫ 画后中长77.5
⑰ 画后腰省 并延长到下脚
0.9

后片绘图顺序

① 以胸围92+2cm省去量作为制图尺寸
② 后胸围=94/4-0.5=23
③ 领横7.5
④ 后肩斜15:5
⑤ 领横在肩斜线上放大3.5
后领深同时下降1.75
⑥ 后背宽=0.46×38=17.48
⑦ 后肩宽=35.5/2+0.5=18.5
⑧ 后袖隆=袖隆/2+0.5=23
⑨ 腰节39
⑩ 臀围线腰下18
⑪ 基本后领深2
⑫ 画后中长77.5
⑬ 后中剖缝上1.2 下0.9
⑭ 后腰=75/4-0.5+后中剖缝的一半0.6=18.85(A~B)
⑮ 多余的1/3量作为侧缝 2/3+0.3为后腰省 -0.3为前腰省
⑯ 后省距后中9
⑰ 画后腰省 并延长到下脚
⑱ 画辅助线连接侧摆,接近90度 分段连接下摆线
⑲ 后袖隆打10cm双刀口

⑱ 画辅助线连接侧摆,接近90度 分段连接下摆线

6. 什么是省去量

省去量是指在服装结构图中,胸围线上的后省尖和后中部位的量是不能算在胸围尺寸以内的,否则就会出现成品尺寸小于预先设定的尺寸的问题,还有面料自然收缩的量和缩水也可以当作省去量。在计算胸围尺寸时要先加入省去量。

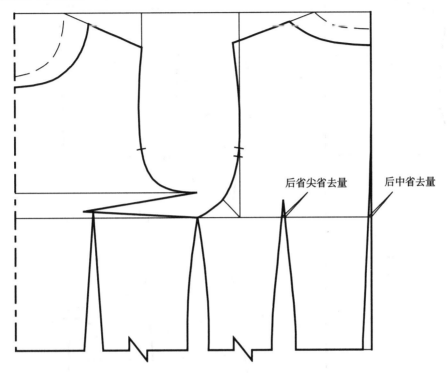

后省尖省去量　　后中省去量

7. 怎样确定后领圈的深度和形状

关于后领圈的形状和深度,笔者在实际工作中,发现无领基本型的后领圈的线条应该和人台的领圈线条相平行,如果是连衣裙款式和衬衫款式,后领深为 1.7~2cm,西装款 2~2.5cm.

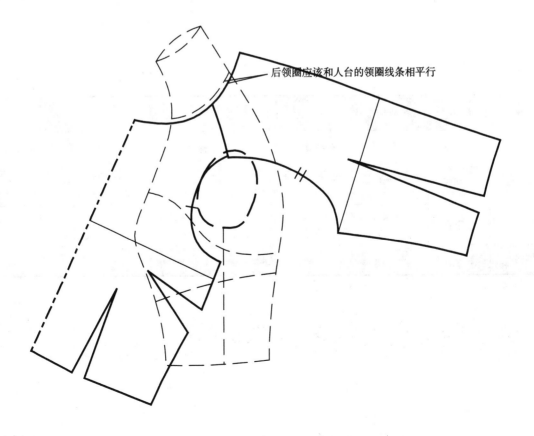

后领圈应该和人台的领圈线条相平行

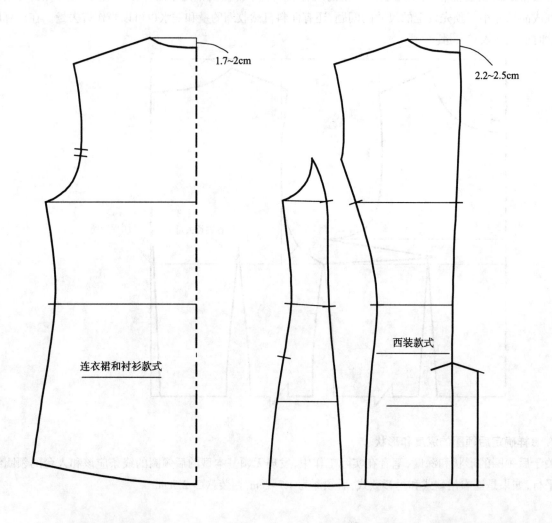

1.7~2cm

2.2~2.5cm

连衣裙和衬衫款式

西装款式

后片的四个主要部位的计算方法分别是：

序 号	部 位	计 算 方 法
第一	后胸围	以胸围92+2cm省去量作为制图尺寸，后胸围=94/4-0.5=23，前胸围=94/4+0.5=24。
第二	后腰围	后腰=75/4-0.5+后中剖缝的一半0.6=18.85（A~B），剩下的B~C的距离分成3等分，1/3作为侧缝，2/3加0.3作为后省量，2/3减0.3作为前省量。
第三	后下摆	后摆围和后腰围的算法很相似，用摆围/4-0.5+后中剖缝的一半为E~F之间的距离，而E~D的1/3作为侧缝，2/3移到后片中间作为后是的交叉量。
第四	后袖窿	=袖窿全围尺寸/2+0.5=23。

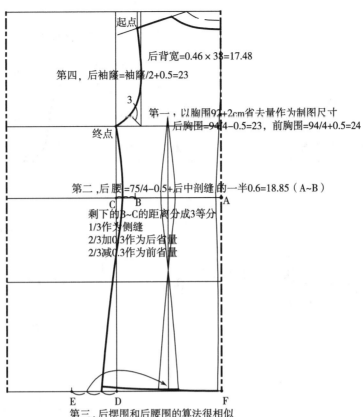

起点

后背宽=0.46×38=17.48

第四，后袖隆=袖隆/2+0.5=23

3

第一，以胸围92+2cm省夫量作为制图尺寸
后胸围=94/4-0.5=23，前胸围=94/4+0.5=24

终点

第二，后腰=75/4-0.5+后中剖缝的一半0.6=18.85（A~B）

C　B　　　　　　　　　　　A
剩下的B~C的距离分成3等分
1/3作为侧缝
2/3加0.3作为后省量
2/3减0.3作为前省量

E　　D　　　　　　　　F

第三，后摆围和后腰围的算法很相似
用摆围/4-0.5+后中剖缝的一半为E~F之间的距离，
而E~D的1/3作为侧缝
2/3移到后片中间作为后省的交叉量

8. 前片结构图绘图顺序

⑧前肩宽+35.5/2-1=16.75

③前领横6.5

⑤基本前领深7.5　　④前肩斜15：6

⑥领横放大3.5　　　　领深同时放大

⑩前袖隆比后袖隆短1-1.5

⑦前胸宽0.46×36=16.56

2.2

⑨胸高点9：23.5　　　　⑮前袖隆打10cm单刀口

②画胸省3cm　　　3

⑪从胸高点向侧偏0-1.25画前腰省中线

①画前胸围24

前片绘图顺序

① 画前胸围24
② 画胸省3cm
③ 前领横6.5
④ 前肩斜15：6
⑤ 基本前领深7.5
⑥ 领横放大3.5，领深同时放大
⑦ 前胸宽0.46×36=16.56
⑧ 前肩宽+35.5/2-1=16.75
⑨ 胸高点9：23.5
⑩ 前袖隆比后袖隆短1-1.5
⑪ 从胸高点向侧偏0-1.25画前腰省中线
⑫ 画前腰省 并延长到下脚
⑬ 镜像侧缝线
⑭ 前中下降1cm　画出前下脚
⑮ 前袖隆打10cm单刀口

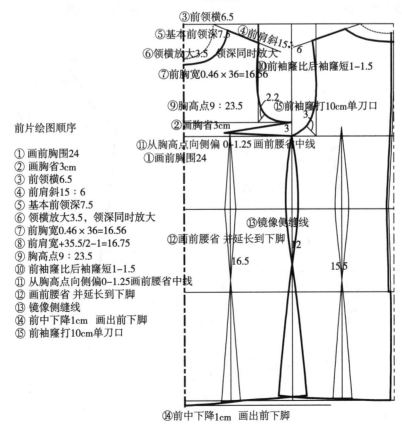

⑬镜像侧缝线

⑫画前腰省 并延长到下脚

16.5　　　　　　15.5

⑭前中下降1cm　画出前下脚

9. 普通泡泡袖结构图绘制顺序

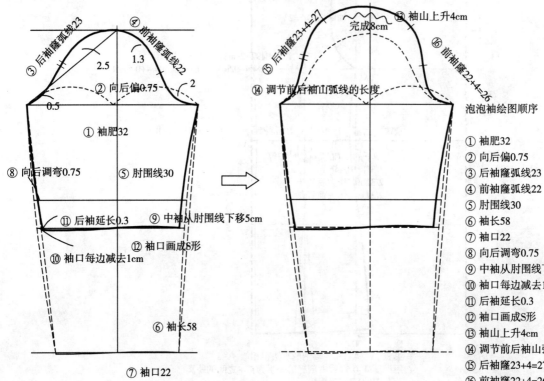

⑰ 打刀口 标注完成后的长度

后袖隆弧线23

④ 前袖隆弧线22

③

2.5

1.3

② 向后偏0.75

2

0.5

① 袖肥32

⑧ 向后调弯0.75

⑤ 肘围线30

⑪ 后袖延长0.3

⑨ 中袖从肘围线下移5cm

⑫ 袖口画成S形

⑩ 袖口每边减去1cm

⑥ 袖长58

⑦ 袖口22

完成8cm

⑬ 袖山上升4cm

⑮ 后袖隆23+4=27

⑯ 前袖隆22+4=26

⑭ 调节前后袖山弧线的长度

泡泡袖绘图顺序

① 袖肥32
② 向后偏0.75
③ 后袖隆弧线23
④ 前袖隆弧线22
⑤ 肘围线30
⑥ 袖长58
⑦ 袖口22
⑧ 向后调弯0.75
⑨ 中袖从肘围线下移5cm
⑩ 袖口每边减去1cm
⑪ 后袖延长0.3
⑫ 袖口画成S形
⑬ 袖山上升4cm
⑭ 调节前后袖山弧线的长度
⑮ 后袖隆23+4=27
⑯ 前袖隆22+4=26
⑰ 打刀口 标注完成后的长度

10. 测量泡泡袖长度的方法

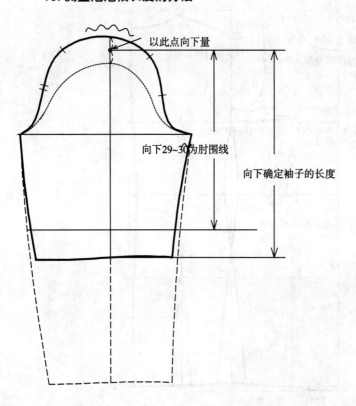

以此点向下量

向下29~30为肘围线

向下确定袖子的长度

11. 分配袖山吃势的方法

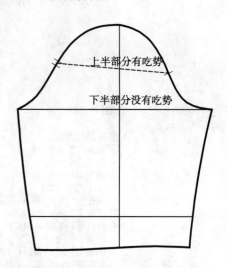

上半部分有吃势

下半部分没有吃势

12. 中袖的画法

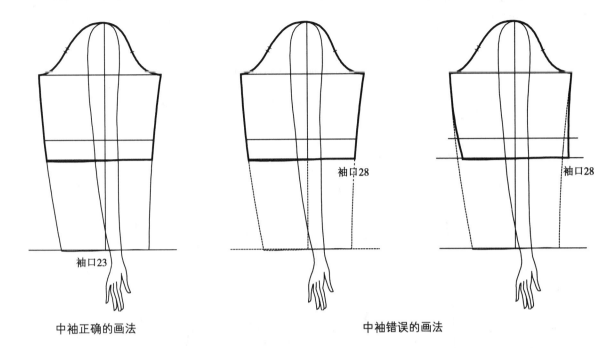

中袖正确的画法　　　　　　　　　　中袖错误的画法

13. 一片袖怎样调整倾斜度

　　通常我们绘制的一片袖是比较直的状态,由于人体手臂是有所向前倾斜的,所以制作比较合体的款式需要调整袖子的倾斜度。

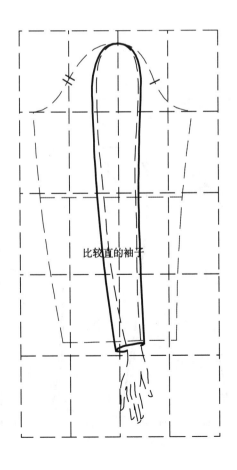

比较直的袖子

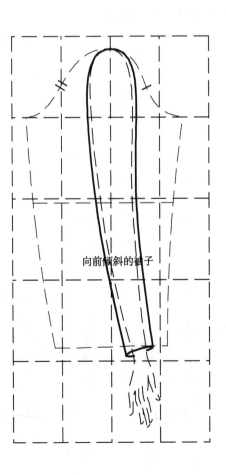

向前倾斜的袖子

　　一片袖的倾斜程度和袖山顶端的刀口位置有密切关系,如果希望袖子向前倾斜,可以把袖山刀口向前移动 0.5~1cm,其它各刀口和线条长度都要同时调整,注意,前移数值不要太大,不要使袖子过分倾斜,也不要改变布纹方向的角度。

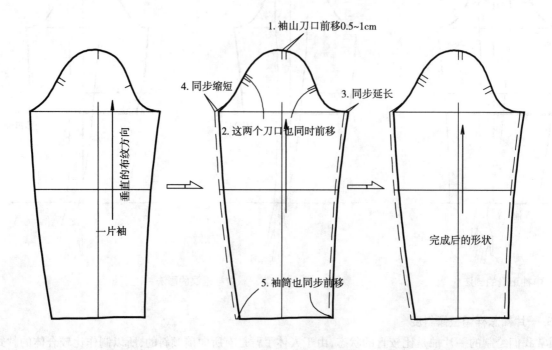

14. 西装袖怎样调整倾斜度

　　西装袖的倾斜度调整方法,和一片袖的调整原理相同,也是把袖山刀口前移 0.5~1cm,其它刀口、袖山弧线长度和袖口也同步调整。

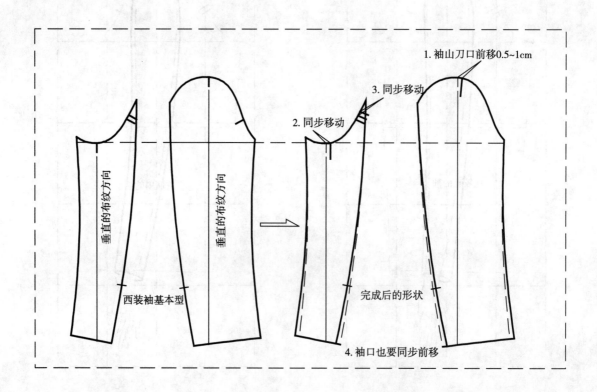

15. 特别需要注意的部位和问题

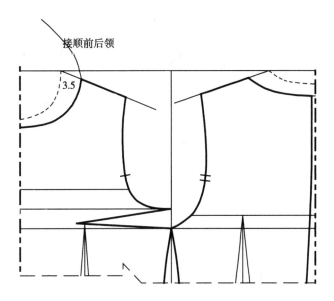

16. 船形领结构图绘制顺序

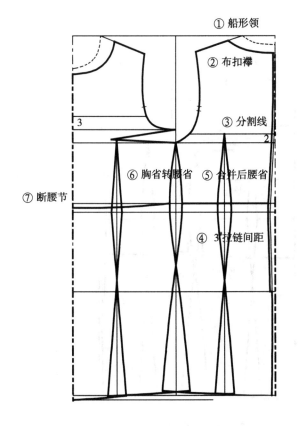

① 船形领

② 布扣襻

③ 分割线

服装打板中的分割线是一种比较灵活的线条

它是根据款式要求和造型可以经过多次调节和构思来达到完美效果

④ 3#拉链间距

拉链的间距大小和拉链的型号有关　3#拉链的间距是0.5×2

5#拉链的间距是0.6×2

7#拉链的间距是0.75×2

⑤ 合并后腰省

⑥ 胸省转腰省

胸省转腰省是最常见的转省方式　很多的款式都会运用这种方式

⑦ 断腰节

在做年轻化的服装时，腰节线可适当上移2cm左右

如果腰节是断开的　前腰要比后腰低1cm

17. 领深与领横的变化（下图）

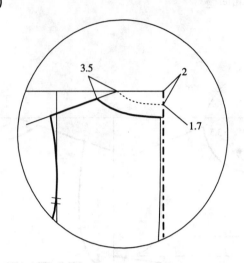

18. 腰节位置的变化

腰节线是一个多变线,在确定腰节线时并不完全按照人台的测量数值,而是根据具体款式进行变化。

当制作年轻化的女衬衫时,腰节线可以上移动 2cm 左右(臀围线也随之上移),这样更能表现女性的柔美和活力。

19. 断腰节的方式和形状

分割线可以在正腰节上,也可以偏上或者偏下,还可以在胸高点下 7.5cm 处分割,或者在胯骨部位分割。

如果腰节是断开的,那么前腰要比后腰低 1cm,裁片的每一个转角都要接近 90°角(下图)。

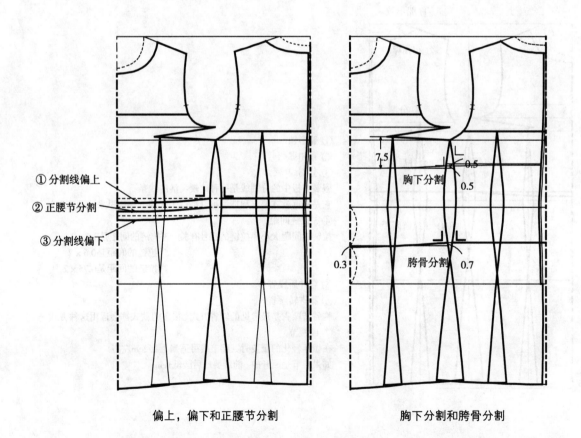

偏上,偏下和正腰节分割　　　　胸下分割和胯骨分割

20. 后腰的处理

后腰的处理有两种方式,第一种是直接分割,第二种是把后腰减短 1cm,从理论上来讲,第一种肯定比第二种更加合体,但是活动量大,后中不剖缝和后腰不断开的款式不宜采取第二种方式(下图)。

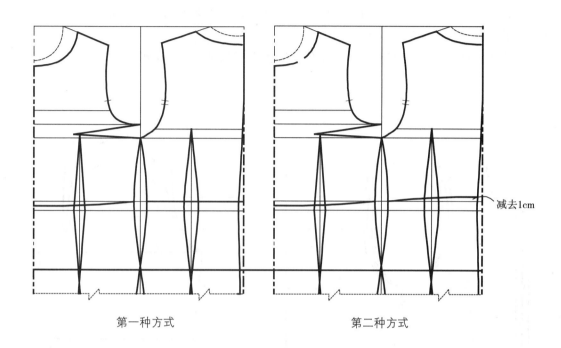

第一种方式　　　　　　　　　　　　第二种方式

21. 腰省的形状(下图)

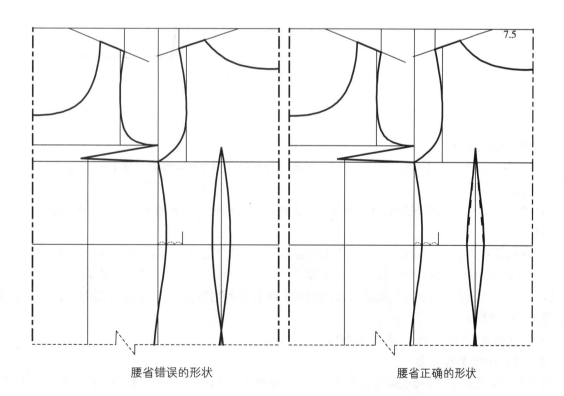

腰省错误的形状　　　　　　　　　　　腰省正确的形状

22. 肩宽缩进的规律（下图）

泡泡袖的泡量有多有少，泡量和肩宽有密切的关系，泡量越少时，肩宽就越宽，反之泡量越多时，肩宽就越窄，这是因为泡量包裹了肩头，肩宽变窄表现了女性的娇柔秀美，值得注意的是肩部变窄时，袖山部分的形状应适当加宽加肥，以补充肩部变窄时衣身减少的量。

在实际工作中，时装袖山的变化比较大，当袖山增高时，肩宽要同时缩进，肩宽缩进的规律是4∶1的比例，就是袖山高每增加4cm，肩宽缩进1cm（半围计）。

那么，当肩宽缩进8cm时，肩宽就缩进2cm，依此类推（特殊的时装款式除外）。

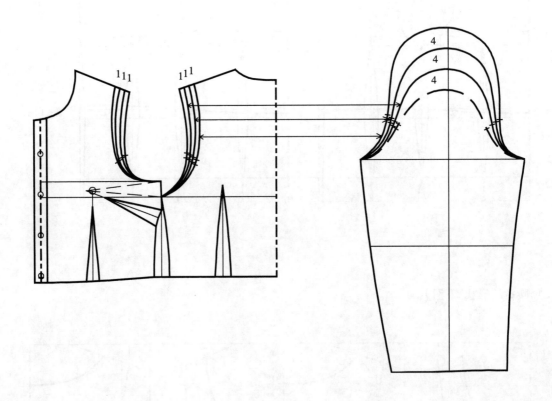

23. 里布的种类

根据面料的种类和款式协调的需要，常见的里布种类有棉布、羽纱（亚纱迪）、色丁布、网布等。

24 里布的作用

（1）提高产品的档次，有里布的服装增加了裙子的美观程度，使产品更加精致，内层平整光滑，但成本将有所增加。

（2）保持面布的造型，里布在一定程度上有固定面布造型的作用，双层布料提高了抗变形的能力。

（3）增加保暖性能，里布材料增加了产品的厚度，形成了一个空气夹层，有助于保温保暖。

（4）增加设计因素，不同颜色、花纹、质地的里布扩展了设计范围，使内外相呼应和映衬，对半透明服装、礼服等更有时尚意义。

（5）里布还可以保护面布，使人在穿、脱时更加舒适自如。

25. 配里布的原则和方法

配里布的原则就是在不影响面布效果的前提下尽量简化工艺，由于里布通常比较薄、比较滑，所以里布尽量不要有很大的弧形分割线。

26. 肩斜的变化原理

从理论上说,前肩斜通常为15:6,后肩斜为:5,但是在做比较合体的款式时,由于面料有垂坠性和重力下垂的原因,可以适当增加肩斜角度,即15:6.5:和15:5.5,做无胸省款式也以少量增加肩斜角度,但是增加的角度不要太大,过分的肩斜会出现衣服领圈处空鼓和穿着向后上跑的弊病。

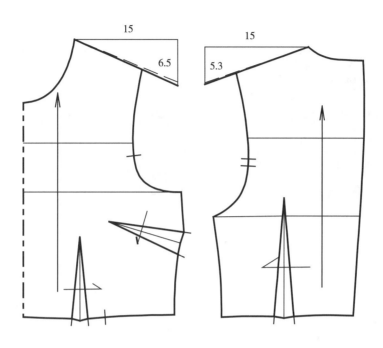

27. 胸省量的变化

胸省量从理论上来讲,越大越合体,但是胸省量太大会造成完成后的成品不够平服,所以本书采取了一个比较适中的胸省量3cm的数值。胸省较大的衣服,无论折叠,还是挂在卖场里面,卖相不会很好,因此,板型师就是在这两者之间找到一个能兼顾矛盾的平衡点。

28. 打孔位与刀口位(下图)

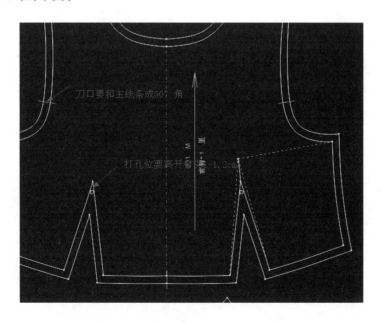

29. 怎样判断衣长的尺寸

对于一些刚入门的朋友来讲，往往难以确定的，是怎样通过图稿和照片来确定衣长、三围和领深等尺寸，其实我们学习了人体(女性)标准 M 码尺寸以后，就知道了从腰围线到膝围线为 56cm，S 码为 55cm，那么只要在图稿和照片上确定衣长是在膝围的上方还是超过了膝围，或者正好与膝围水平，就能算出连衣裙，风衣等服装的长度。

30. 船形领造型和一字领造型 (下图)

接顺前后领

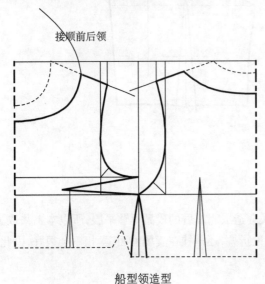

接顺前后领

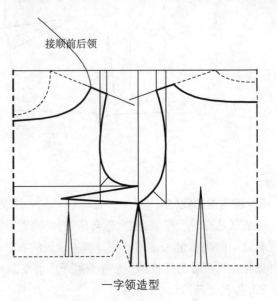

船型领造型　　　　　　　一字领造型

31. 初学纸样应注意的问题

① 打刀口要和主线条成 90° 角；

② 布纹线和中线不要混淆在一起；

③ 画省的时候要画出打孔位；

④ 缝边角处理；

⑤ 直角的应用。

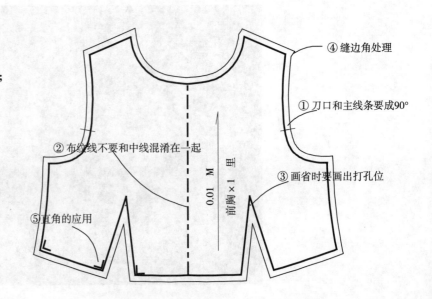

④ 缝边角处理

① 刀口和主线条要成90°

② 布纹线不要和中线混淆在一起

③ 画省时要画出打孔位

⑤ 直角的应用

0.01 M　前胸×1 里

32. 斜纹捆条的裁剪

裁单件捆条的时候可以像右图一样把布料对折起来,这样可以提高裁剪效率。

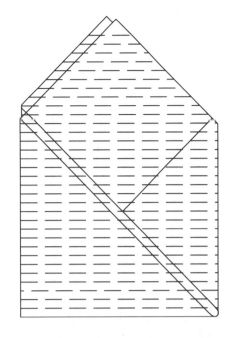

33. 捆条的算法

有的捆条只需要几十或者一米多就够了,如果全件的缝边都需要包捆条的款式就需要很长的捆条,那么就需要计算捆条的用料量,以一件衣服需要470cm,捆条宽度为3cm,布料宽度为145cm为例,问一件衣服捆条需要多少布料? 1米布料可以做多少件衣服的捆条呢? 我们可以 $470 \times 3 = 1410cm^2$,再以幅宽 $145 \times 100 = 14500cm^2$,用1米布料的总面积 $14500cm^2$ 除以单件面积 $1410cm^2 = 10.28$,减去一定的损耗,即一米布料可以做十件衣服的捆条。

批量生产需要大量的捆条,现在有了专业的捆条加工厂,使用特种设备能够快速准确地完成所需要的捆条。

34. 捆条的拼接(右图)

35. 捆条的宽度(下图)

捆条的宽度和包边完成后的宽度有关,如果包边完成后的宽度是0.6cm的,那么捆条折四次,就是4个0.6cm,即2.4cm,但是在实际工作中,我们发现斜纹捆条裁剪下来后都会变长变窄,所以斜纹捆条要3cm宽度才合适。同样的原理,如果包边完成后的宽度是1cm的,捆条的宽度就要有4.6cm。

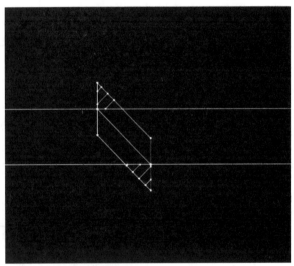

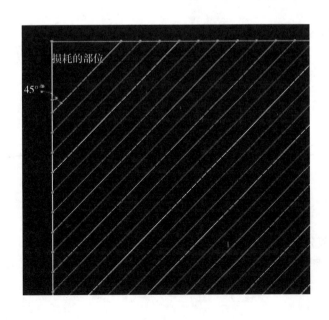

损耗的部位

45°

36. 切展的手法

切展的手法是指把裁片切开一条线或者多条线,再加入所需要的量,得到一个放大的新裁片,这种方法是打板中最常见的处理方法(下图)。

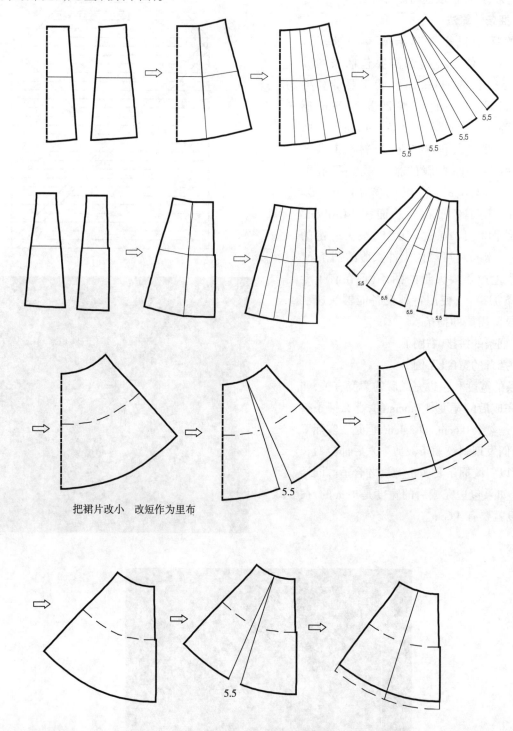

把裙片改小　改短作为里布

37. 下摆的变化

连衣裙的下摆根据造型分为:

①"A"字型;②大圆摆型;③倒梯型;④重叠型;⑤斜下摆;⑥插角下摆等多种形式,本书将在实例中进行更为详细的分析。

38. 全部裁片

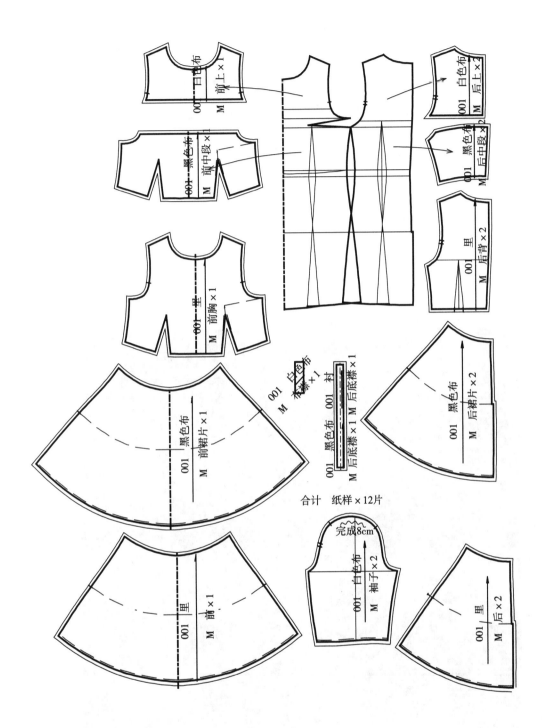

合计 纸样×12片

（1）裁板时布料下面要垫纸，以防止布料滑动和错位。

（2）裁板用的工作台面最好是有横竖坐标的，这样有利于确定布料的横竖纱向，另外工作台最好四周留有足够的空位，这样裁板时可以从不同方向进行裁剪。

（3）如果是丝绒，条绒等有毛向的面料，一般情况下，较浅的逆毛向上裁，较深的顺毛向下裁（注意翻领的毛向和衣身是相反的，只有立领的毛向是和衣身方向一致）。

（4）有弹力的针织面料，有毛向的面料和比较薄的真丝、雪纺类面料要展开裁，而不要采用对折的方式裁剪。

（5）裁板时要尽量准确地记录面布、里布和辅料的单件用料（注意：记录用料的宽度是已经去掉布边和针孔以后的宽度，一般要在原布料上减去3~4cm），同时，在档案袋上贴好与之相应的布料样品，一些对格、对条纹的面料要根据实际情况另外加20%的用料损耗。

（6）按照常规惯例，纸样上打排列两个刀口的均默认为后片，刀口是裁片拼合，对位的标记，刀口的深度为缝边的2/3，如果是来去缝和包缝制作工艺，只需要1/3浓度即可刀口太深会破坏裁片，太浅则难以起到识别和对位的作用。

二、做样衣（做板）

1. 单件排料图

通过实际测量。得知白色布和黑色布的幅宽都是145cm，去掉两边针眼的宽度各2cm，剩下实际可用宽度为141cm（下图）。

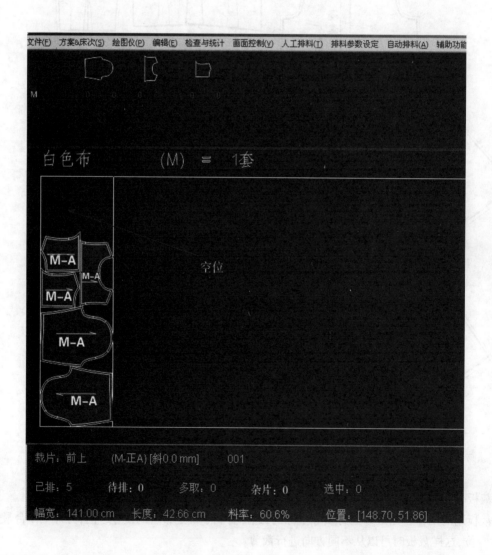

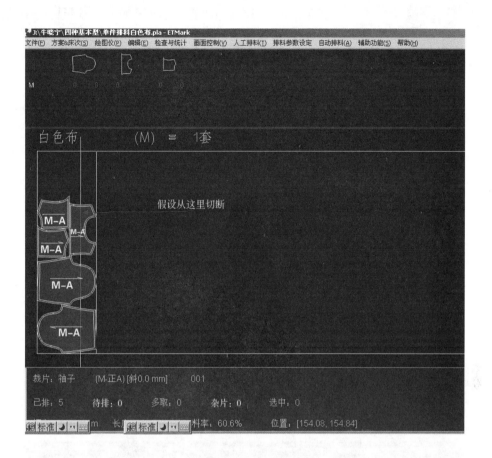

现在的用料长度是 35.41cm, 通常要加入 10cm 的损耗, 即白色布的用料为幅宽 141cm× 长度 45.4cm。

为什么计算用料要加入 10cm 的损耗呢? 因为工业服装生产是要经过反复试制和调节的, 试制过程中会出现修剪、换片, 所以在实际工作中, 要加入至少 10cm, 甚至更多的损耗量(下图)。

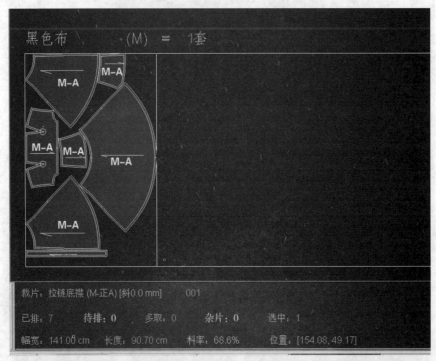

黑色布排料

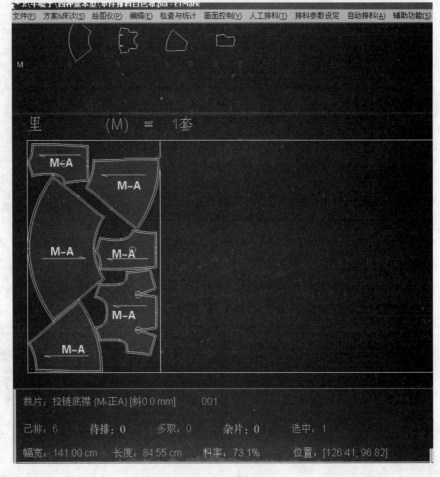

里布排料

2. 怎样做样衣

做大货与做样衣的区别：做大货只需按一定的规则和要求把裁片拼合成一件衣服即可；而做样衣要记录用料，还要主动去发现细微的误差和疵病，并协助纸样师傅更改，有时需要反复地修片、换片、试制，还要主动提出适合大货生产的合理建议。例如当一些款式采用罗纹布、毛线布或者针织布做领子、袖口、下摆等部件时，这些弹性很大的面料会出现伸长和松散现象，样衣工要将这些部件调试到平服自然、松紧适中的状态，并记录这类面料的伸长数值。

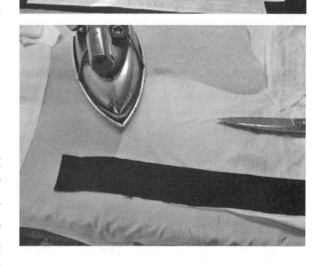

3. 怎样使样衣更加合体美观

要使样衣做得合体美观，就需要规范操作，主要表现在以下几个方面：

（1）裁剪时要垫纸

为了防止布料滑动，裁剪时要在桌面垫一层白纸，剪布料时和白纸一起剪断。

（2）保持裁片不要变形

真丝、雪纺等面料容易变形，需要加斜纹衬条，衬条可以起到支撑、固定的作用。方法是把纸样放在布料下面，在雪纺布的正面边缘烫 0.5cm 斜纹衬条，由于雪纺布和真丝布软而薄，在边缘烫斜纹衬条可以起到固定裁片形状的作用，同时能保持裁片仍然具有一定的弹性，注意烫斜纹衬条并不是每个缝边都要烫的，还要在衬条上缉线固定，防止脱落。然后修剪裁片（右图）。

（3）精确点位

点位的几种形式（见下图）。

① 打线钉　　　　　　　　　　② 画粉

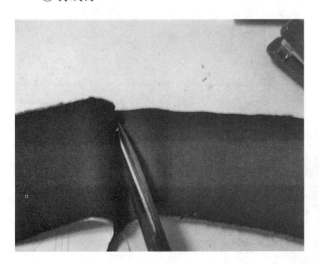

③ 打孔

④ 打刀口

⑤ 扫粉

扫粉是先在纸样上用不穿线的缝纫机沿着净线扎一排眼,再把细的白色粉末放在无底的小瓶子里,瓶底用疏松的布包住,把纸样放在裁片上,用小瓶子拍一下,净线的位置就显示在裁片上了。

⑥ 褪色笔

⑦ 现在还有一种隐形画粉,画在布料上面,48 小时后自动变淡消失,也可以经过水洗或者蒸汽熨烫马上消失,不会留下任何痕迹。

(4)半成品整烫

在半成品状态下,一边缝纫,一边熨烫整齐、平服,这样的样衣比较美观。

新的熨斗在初次使用时要进行温度试验,先把熨斗套上烫靴,再把温度调到中档,用常用的布头进行蒸汽熨烫,确认没有烫焦、油污、锈水斑点、反光发白的现象之后才可以正式使用,有一段时间没用过的旧熨斗也要做这样的试验,以保证衣服不会被烫坏(下图)。

(5)半成品修剪

在半成品状态下,把衣服穿在人台上,领圈、腰节、袖窿需要适当修剪,可以使领圈里布不外翻,腰节更加水平,袖窿更合体。

(6)半成品量尺寸

在半成品状态下测量尺寸,可以及时修改和调节尺寸,避免不必要的返工。

(7)女装归拔

归拔工艺多数用在男装生产上,女装使用归拔的比较少,但是我们在做样衣的时候,要想使样衣更美观,也需要懂得和使用归拔技术,主要是袖窿和驳头翻折线要归拢,前、后腰省和后背要拔开。

(8)整烫

俗话说"七分做功,三分烫功"说明无论缝纫过程中的局部整烫还是完成后的全体整烫都是很重要的,衣服整体是不平整的,但是局部是可以在烫台上烫平整的,整烫要按顺序,不要遗漏。

4. 缝纫工序

① 里布领圈烫衬,底襟烫衬

② 收面布和里布的前、后腰省

③ 拼合前胸和后背的分割缝

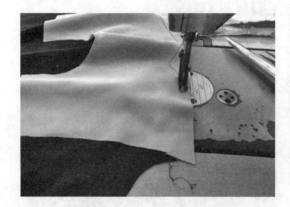

拷边

④ 拼合面布和里布的腰节.

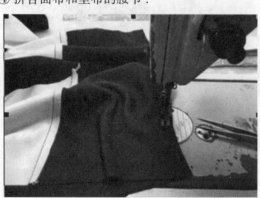

拷边

⑤ 拼合后中缝的下半段

⑥ 露齿拉链下端烫衬

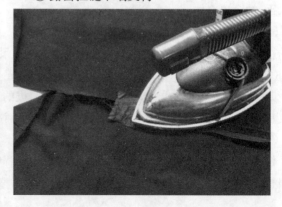

⑦ 安装面布露齿拉链

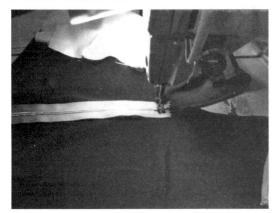

⑧ 做底襟

⑨ 装底襟

⑩ 做布襻,翻布襻,钉布襻(下图)

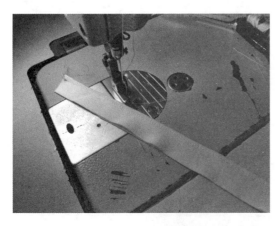
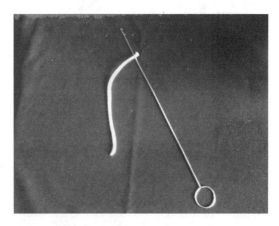

⑪ 装里布拉链

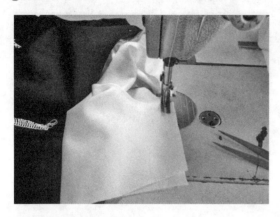 

⑫ 拼合侧缝,肩缝,拷边

 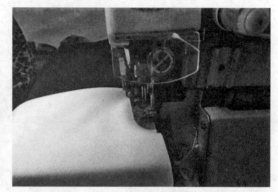

⑬ 肩缝烫平

⑭ 缝面布和里布的领圈烫平

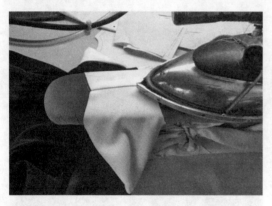 

⑮ 修剪缝边,翻转压住止口线

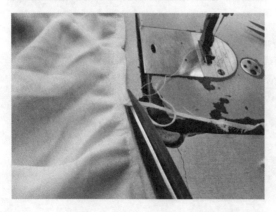 

⑯ 修剪袖窿

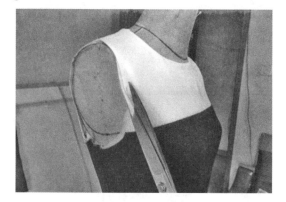

⑰ 袖窿定位

⑱ 袖山收皱

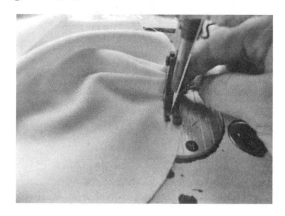

⑲ 拼合袖缝

⑳ 卷下摆

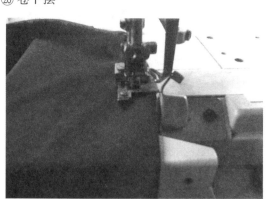

㉑ 卷袖口

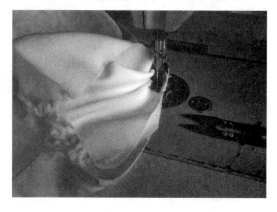

㉒ 拼袖缝，拷边

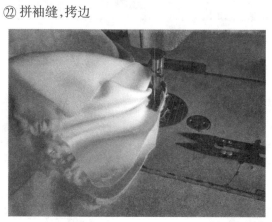

㉓ 装袖子、拷边

㉔ 钉钮扣,完成后的效果(下图)

5. 审核(批板)

(1)纸样尺寸和成品尺寸之间的差异和规律

在实际工作中,我们通过大量的实践和对比,发现完成后的服装成品尺寸和纸样尺寸之间,无论是长度还是围度都存在一系列的变化,有的部位变长了,有的部位却缩短了,造成这种变化的原因是多方面的,例如:

● 面料缩水。

● 面料的自然回缩(包括缝纫线迹产生的收缩和高温熨烫后的收缩)。

● 布纹方向:领圈,袖窿,裤子的前、后裆的形状是弧形的,当缝纫机的压脚经过这些部位时,由于压力的作用,这些部位都会产生伸长的现象。

● 并列多个省或者多条分割线产生的影响。

● 收褶和收裥等工艺的精确性。

● 服装造型产生的张力作用。

● 不同的测量方式导致不同的测量结果。

● 裁剪,缝纫时产生的误差。

● 面料自身都有一定的厚度,裤腰和裙腰的内径和外径会存在差数。

在一般情况下,梭织类服装的成品尺寸与纸样尺寸的差异如下表:

总长会缩短1~1.5cm
胸围会缩小约1cm
腰围会增大约1cm
下摆的变化不太明显
肩宽会增大约0.5cm
袖长缩短约0.5cm
袖肥会缩短约1cm
袖窿全长会缩短约1cm

了解成品尺寸与纸样尺寸之间的变化规律,对于我们按照客户要求的尺寸进行精确打板,控制和复查纸样都具有重要的意义。

(作者注:为了方便读者的运算,本书中所有的结构图,除了胸围预加了省去量以外,其他都没有加入缩水率及可能伸长或缩短的数值,请读者在熟练到一定程度以后再自行加入这些数值进行制图)。

2. 修改纸样

为什么要修改纸样?

这是因为服装纸样是一门综合性很强的技术,它的各个环节有着相互交叉、错综复杂的关系,一件产品的效果和面料的颜色、垂性、款式、风格、做工等都有很大关系,所有的工业产品都不是一步到位的,都是通过不断的升级和优化,来得到更好的产品,"一步到位的观念是目前服装界一个严重的误区。

怎样修改纸样?

修改纸样可以分为三种情况,分别是:1.改尺寸;2.改结构;3.改款式。其中,改尺寸可以通过放缩的方式来修改,改结构属于局部的修改,而改款式则属于重新构思了。

三、放码

1. 不动点与不动线

放码是服装工业生产中,在基码的基础上进行放大和缩小出其他各码的统称。

放码的方法有很多种,如:推画法,(也称网码法),推剪法,(也称摞剪法),推移法等,每一种方法都有各自的优点,也有其固有的缺陷,这里我们介绍的是推画法,这种方法的特点就是非常准确,各裁片的档差画好以后可以比较方便地进行检查和校对,也比较有利于初学者对档差分配原理的理解。

放码其实是裁片按照一定的规则进行放射状的放大或者缩小。因此首先要确定一个不动点,不动点在理论上可以设置在裁片的上、下、左、右和中间的任何位置,而在实际工作中,不动点不宜设置在弧度较大或者线条过于复杂的部位。

通过不动点的竖线和横线,称为纵向不动线和横向不动线(下图)。

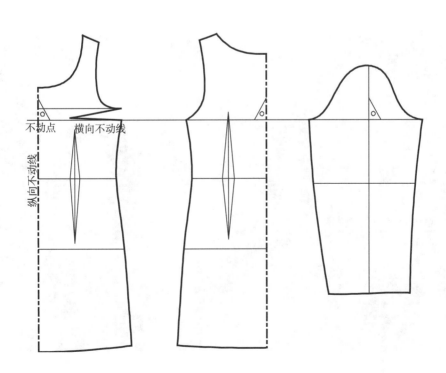

纵向不动线和横向不动线,为我们设置分配档差提供了重要的坐标系统,凡远离不动点和不动线方向的移动点均为放大,反之,凡靠近不动点和不动线的均为缩小。

连衣裙基本型档差分配(下图):

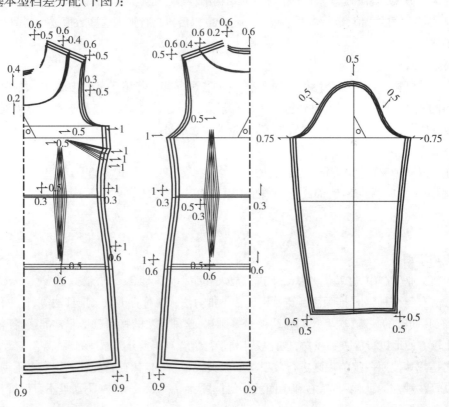

2. 细节部位档差分配(下图)

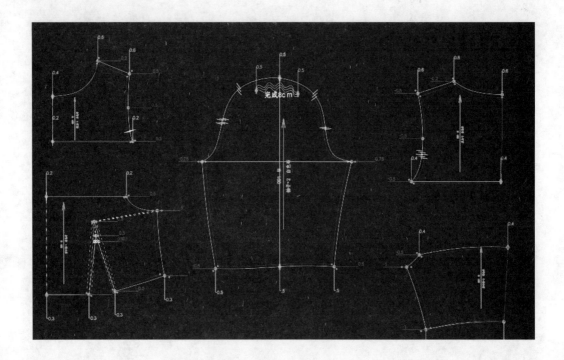

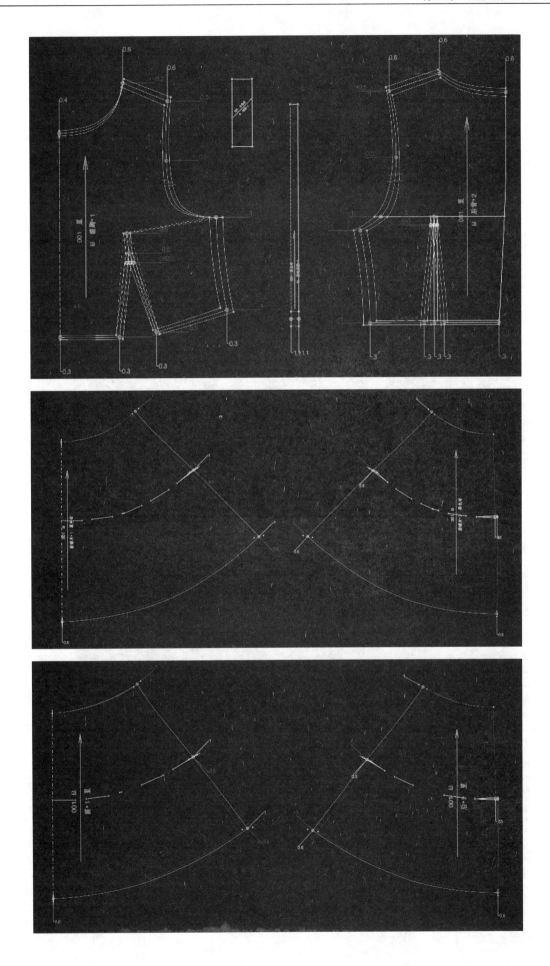

四、批量生产

1. 什么是裁床比例

裁床比例是指排料图上不同尺码的件数比例。例如 S-M-L-XL 四个码,按照 1:2:1:1 的比例,则表示这个排料图要按 S 码一件,M 码两件,L 码一件,XL 码一件的方式排在一张排料图上。

下图是三个码,以 1:1:1 的裁床比例来完成的排料图(下图)。

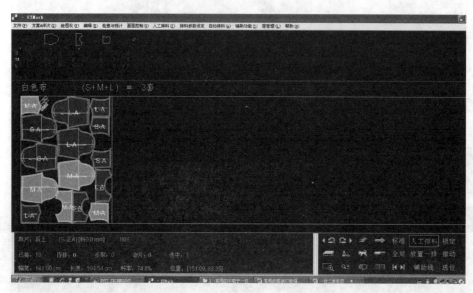

白色布排料

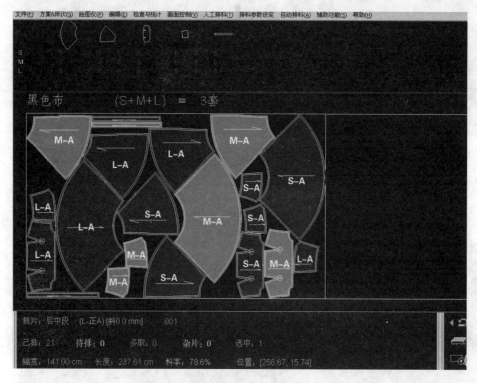

黑色布排料

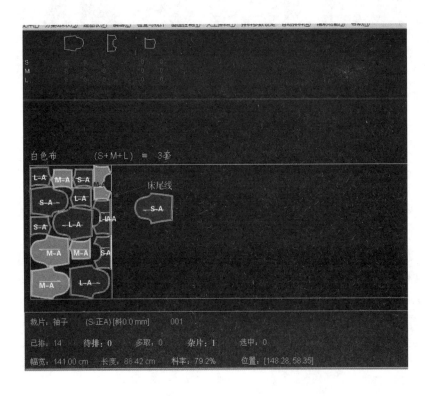

里布排料

2. 大货用料的计算

以里布排料为例来计算，总长度 246.53cm 除以 3 件 = 每件用料 82.1cm。

3. 高低床排料

床尾线齐头：是否能够把床尾线排成齐头，是衡量排料图是否合理、是否省料的基本标准之一，也是衡量一个排料师傅技术水平高与低的重要标准之一（下图）。

如果把片袖子排进去,就会出现很大的空位,这时可以采用高低床排料法,就是把这片袖子单独多排一整行(下图)。

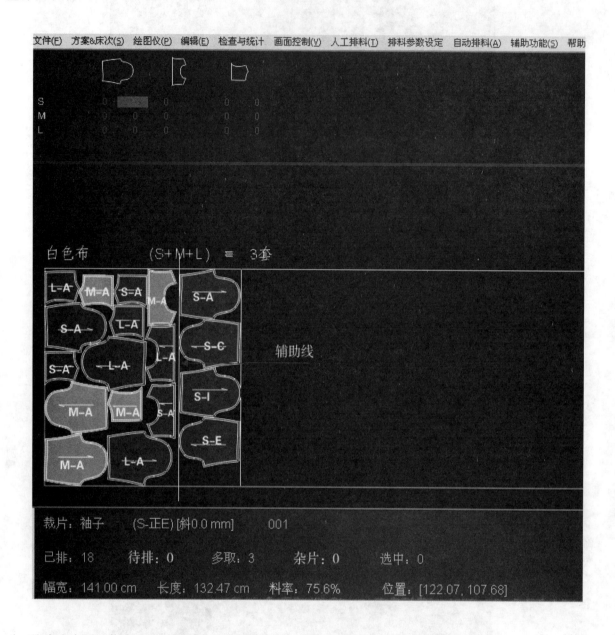

注意在实际工作中,这个辅助线可以不画出来,于是就变成下面的情况:

假设这个款需要生产100件,三个码,一共要拉34层布,而辅助线向右的袖子部分只要拉34除以4片≈9层就够了,这样就出现的一边高一边低的现象,我们称为高低床。

4. 什么是简化裁床比例

简化裁床比例是针对客户的特殊要求做的,例如:客户要求S-M-L三个码,一共做200件,按照2:5:3的比例,如果把这总数10件衣服排在一张排料图上,这个排料图就很长,超出了裁床的总长度,还有很多的重复工作量,在这种情况下,可以简化裁床比例,方法是: M码和L码排一件,S码和M码排一件,因为在拉布的时候M码和L码拉3层,S码和M码拉2层,M码加起来就是5件,L就是3件,这样S码就是2件。拉布总数为总长度拉40层,M码和L码再另外加20层。

注意:一定要把件数比较多的码放在最前面,即排料图的最左边,这是因为左边在拉布时是起点,从起点多加布料的层数比在排料图中间多加层数更方便。

另外,实际工作中,排料图越长越省料,但是,越短越省时越快速,因此,在工业生产中,件数比较多的如一千件、上万件,就会按最长的来排料,这样就能节省较多的布料,而数量比较少的,无论怎样挤压、重组,节省的布料不太明显,就可以采用短排料图的方式进行,简化裁床比例就是其中的一种方法,除此以外,高低床排料法、改码排料法、对称裁片单片排料法都可以使排料图变短(下图)。

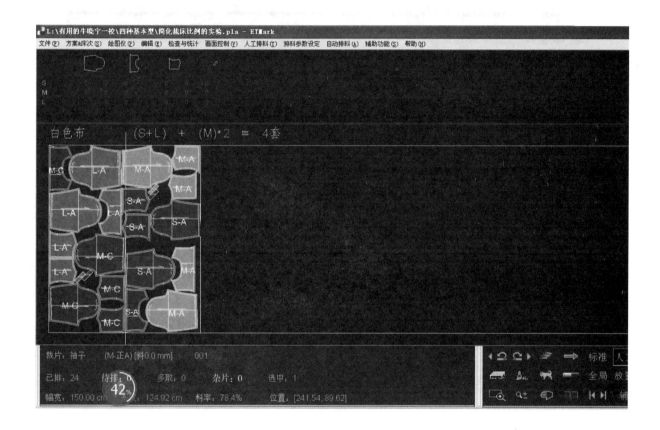

5. 不同门幅的用料换算

在实际工作中,有时需要把原来准备使用的生产面料更改为另一种宽度的面料,这就需要将原来的面料和现在的面料进行换算,然后得到新的用料数据。

例如:原门幅宽为114cm的面料,上衣用料原长度为200cm,那么,原用料可写作114cm×200cm,现改用1445cm宽度的面料,设现在面料长度为L,现在面料门幅为N,那么现在用料长度为L=(114×200)÷N,即(114×200)÷145=157.2cm。

由此可知,一般情况下公式即为(原幅宽 × 原长度)÷N。

这个公式的原理就是把原门幅的宽乘以原长度,即得到整件用料的面积,再用整件面积除以现用料门幅宽度就得到现在用料的长度了。

6. 拉布和裁剪

在实际工作中,拉布裁剪之前要松布,就是提前把成卷的布料松开,放置24h左右再裁剪,这样可以避免布料卷曲时产生的张力误差(右图)。

7. 流水线批量生产(下图)　　　　8. 整烫(下图)

9. 检验包装(右图)

第二节　后中整片式连衣裙基本型

款式特点:圆领,无袖,公主缝结构,左侧装拉链(下图)。

基码尺寸设置

单位:cm

部位	(度量方法)	M	档差
后中长		76.5	1.5
胸围		78.5	4
腰围		75	4
臀围		97	4
摆围		123	4
肩宽	有袖	37.5	1
	无袖	35.5	
袖长	—		
袖肥		32	1.5
袖窿	(有袖)	45	2
	(无袖)	44	2

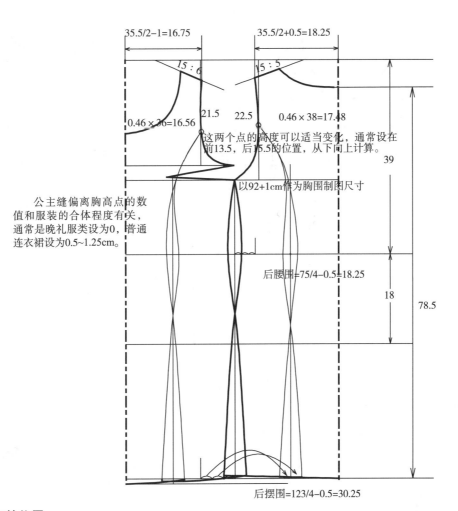

公主缝偏离胸高点的数值和服装的合体程度有关，通常是晚礼服类设为0，普通连衣裙设为0.5~1.25cm。

35.5/2-1=16.75　　35.5/2+0.5=18.25

15:6　　15:5

0.46×36=16.56　21.5　22.5　0.46×38=17.48

这两个点的高度可以适当变化，通常设在前13.5，后15.5的位置，从下向上计算。

以92+1cm作为胸围制图尺寸

后腰围=75/4-0.5=18.25

39

18

78.5

后摆围=123/4-0.5=30.25

1. 胸高点的位置

S 码采用向下 23cm，向右 8.5cm 的坐标点为胸高点，M 码采用向下 23.5cm，向右 9cm 的坐标点为胸高点。

2. 胸高点是面不是点

胸高点可以有所变化的，现实生活中女性戴文胸，胸高点都被向上牵扯，但是它并不会因此而影响人的整体美观程度。

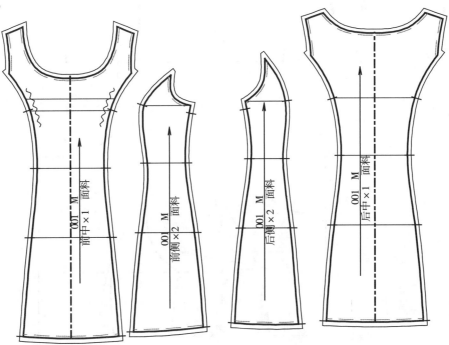

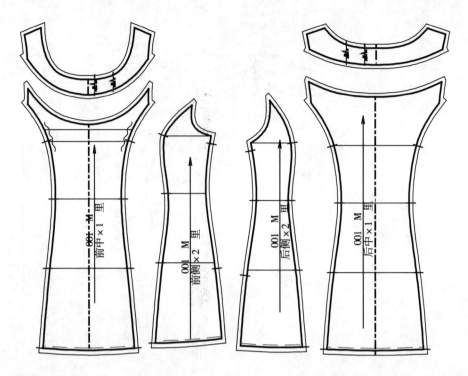

3. 领贴的三种形式(下图)

① 圆领贴   ② 连袖窿领贴

③ 无领贴

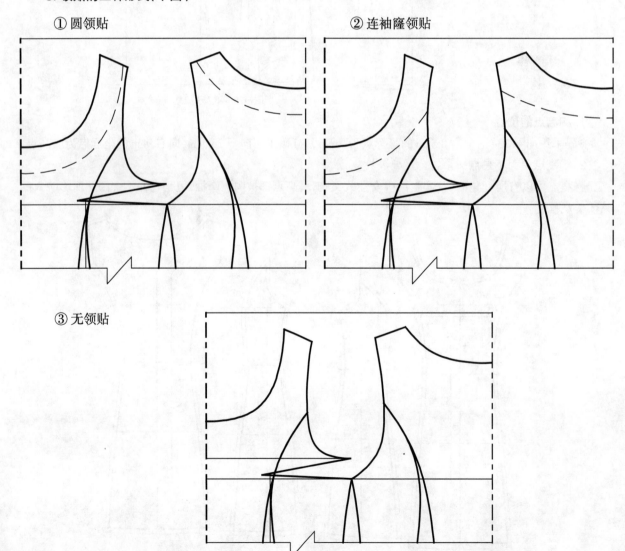

4. 连衣裙的缝制顺序

缝制连衣裙时要注意：先拼合面布的上半身，再拼合里布的上半身，不要急于拼合侧缝，而是要拼合肩缝，接下来是拼合领圈、烫平，穿人台修剪腰节，拼合下半身，拼合侧缝，装隐形拉链，最后烫平，穿人台修剪袖窿，安装袖子。假如先拼合了侧缝，如果想改动一下三围的尺寸就非常困难了。

5. 做领圈时领贴或者里布外翻怎么办？

出现产品完成后领贴后中里布外翻的原因是由于里布的特征通常比较轻、滑、薄，而面布相比之下会稍厚重一些，这种情况下，由于重力的缘故就会出现领贴和里布外翻的现象。解决的方法是把前领圈衬布在与面布相同的基础上再挖深 0.6cm，后领圈衬布挖深 0.3cm，这样就可以有效地解决这种现象了（下图）。

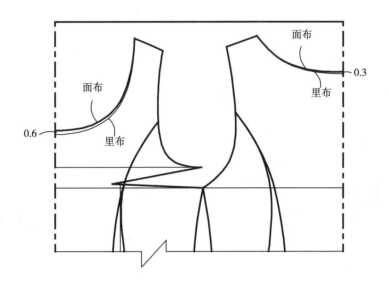

6. 隐形拉链的安装方法

连衣裙安装隐形拉链的目的是方便穿脱服装，因为合体的连衣裙腰围都比较细，顾客在穿着的时候胸围无法通过衣服的腰围，要装拉链就可以解决这个问题，如果是宽松式的款式，或者面料有很大的弹性，人体的胸围能够顺利地通过腰围，则不需要安装拉链了（右图）。

7. 安装隐形拉链的位置

连衣裙拉链常常装在后中和侧缝，其中侧缝装隐形拉链，有的公司把拉链装在左边，有的公司把拉链装在右边，这要根据不同公司和客户的要求来决定。

确定拉链位置有两种方法，① 到袖窿底部，这种方式适合于没有袖子的背心式连衣裙；② 离开袖窿底部 2cm，这种方式适合于有袖子的款式。而拉链的下端则可以定在臀围线的位置。

在实际工作中，隐形拉链上端也可能直接装到袖窿。有的短装也有把隐形拉链倒过来（拉链头向下）安装的。

8. 隐形拉链的安装过程

把拉链用蒸汽熨斗用力烫平，这样做可能达到两个目的，一是把拉链卷曲的部位烫平，方便于缝纫；二是使拉链预先缩水，具体过程见下图①~④。

① 首先把隐形拉链烫平,同时蒸汽缩水

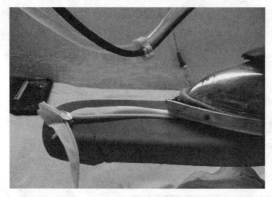

② 装拉链的缝边烫斜纹衬条

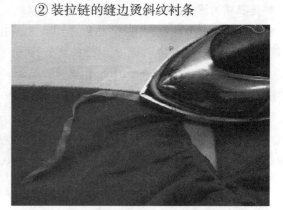

③ 拼合侧缝。留出拉链位置

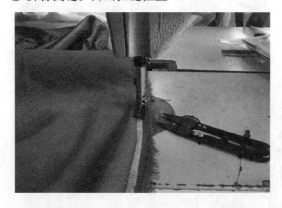

④ 换单边压脚或者专用的拉链压脚

9. 拉链开口怎样拷边

拉链开口拷边时一定要先拷前片,再掉过头来拷后片,见下图。

10. 装隐形拉链怎样对腰节(下图① ~ ⑨)

① 先装好隐形拉链的半边

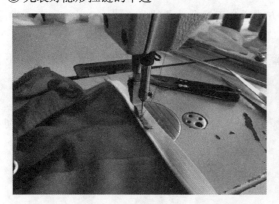

② 再把拉链拉合起来

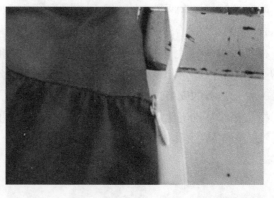

③用褪色笔在腰节处点位

④再掉过头来装另外一边

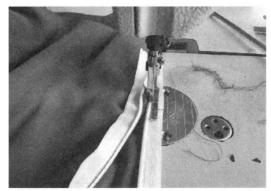

⑤注意腰节的分割缝一定要对着点位

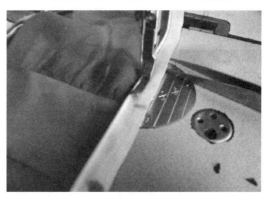

⑥这样左右就对准了

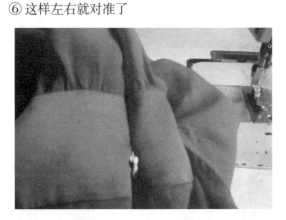

⑦换成普通压脚缝合里布

⑧掉过头来缝合里布的另外一边

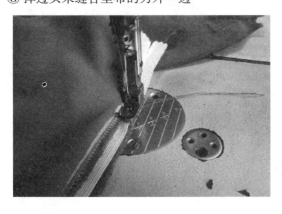

⑨完成后的里布状态

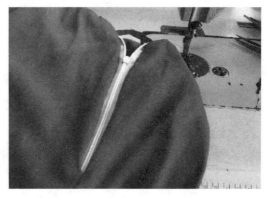

11. 缝边来去缝怎样装隐形拉链(下图①～⑦)

① 先把缝边拷贝

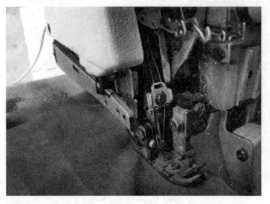

② 缉来去缝的第一道线

③ 注意上端是有一个角度为 45°、长度为 0.6cm 的斜角

④ 然后翻转缉来去缝的第二道线并打一个斜刀口

⑤ 按常规方式安装隐形拉链

⑥ 正面的状态

⑦ 反面的状态

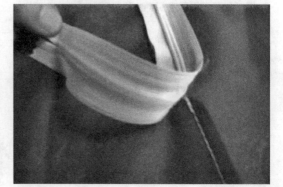

12. 怎样包住拉链尾部(下图① ~ ⑤)

① 用一个方形布头包住拉链尾,注意正反面

② 剪掉多余的部分

③ 把布头翻过来

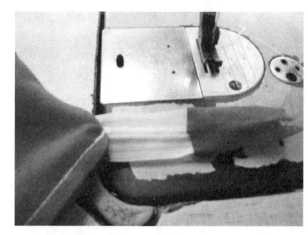

④ 折叠整齐

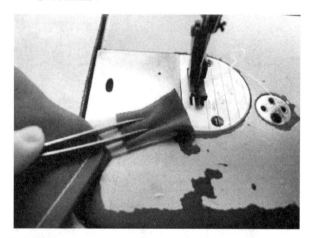

⑤ 压边线,完成后的状态,同样的原理,拉链上端也可以这样处理

13. 捆边的方法

（1）外捆条（下图①~③）

① 把捆条缉在衣片上，缝边宽度为0.5cm

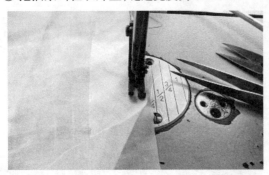

② 翻转过来压线，注意不要露出第一道线迹

③ 完成后的状态

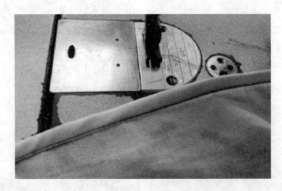

（2）内捆条（下图①~⑤）

① 缉捆条定位线，宽度为0.75cm

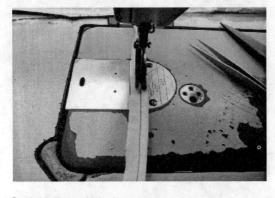

② 缉到裁片上

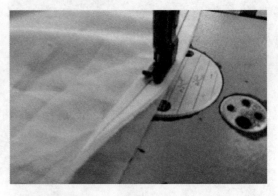

③ 修剪缝边，宽度为0.4cm

④ 翻转压线

⑤ 完成后正面的状态

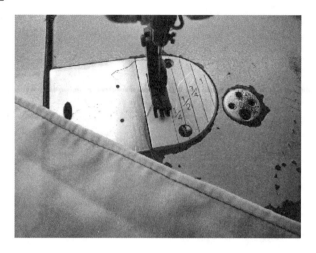

（3）卷筒捆条

卷筒捆条和第一种外捆条的方法相似,但是省去了捆条定位线和修剪缝边宽度,这样就节省了时间,提高了效率,适合于批量生产,见下图①~④。

① 安装卷筒

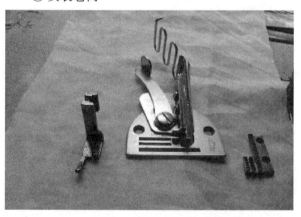

② 先把捆条包在裁片上

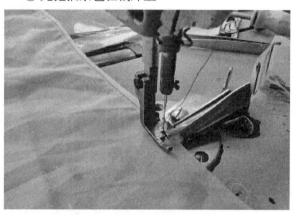

③ 翻转压线

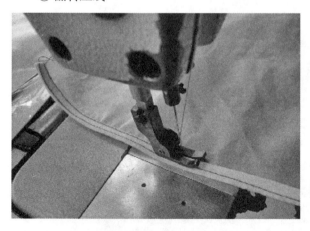

④ 完成后正面的状态

14. 裁片的边缘处理

窄边的两种处理方法:

（1）手工卷边(下图①~③)

① 先卷 0.25cm 的边线

② 再翻转过来卷窄的边线

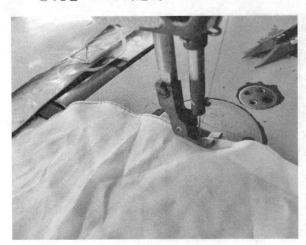 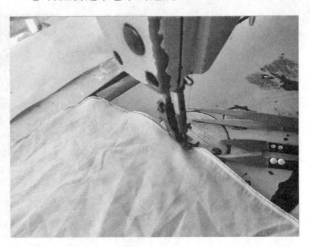

③ 完成后的正面

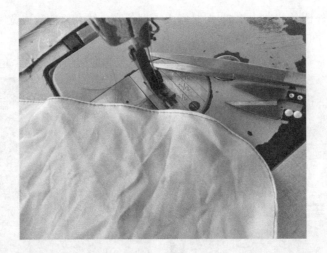

（2）用卷边器卷边（下图）

15. 怎样打密边

把三线包缝机的针板换成尖头的密边针板,见下图①~②;把线迹调密一些的方法见下图③。

普通针板

密边针板

③ 调紧线夹

① 按住这个按钮

② 转动这个滚轮

16. 怎样在密边里面夹丝线

密边里面夹丝线时需要更换特种的针板、压脚和送布牙,见下图。

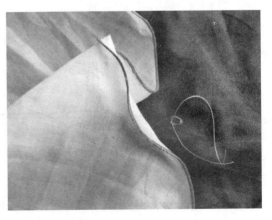

第三节　无胸省宽松连衣裙基本型

款式特点:无腰省,无胸省,披肩领,后领开衩,六分袖,由四种颜色的布料组成(下图)。

基码尺寸设置

单位: cm

部位	（度量方法）	M	档差
后中长		70	1.5
胸围		92	4
腰围		91	4
臀围			4
摆围	（参考尺寸）		4
肩宽		37.5	1
袖长		40	1
袖口		27	1
袖肥		32	1.5
袖窿	（有袖）	45	2

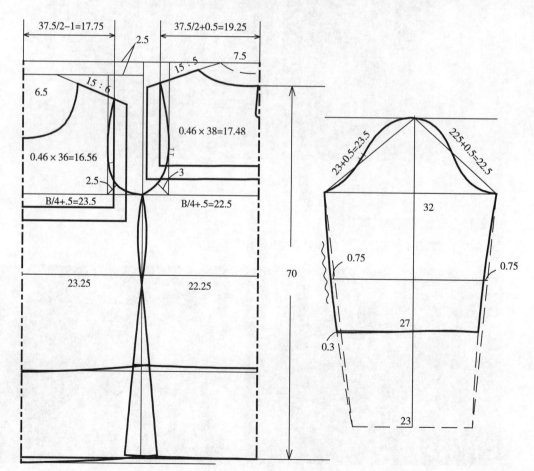

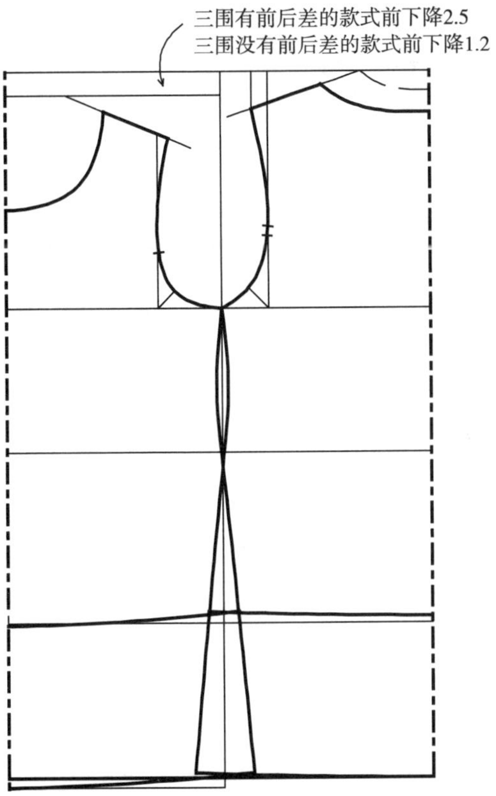

三围有前后差的款式前下降2.5
三围没有前后差的款式前下降1.2

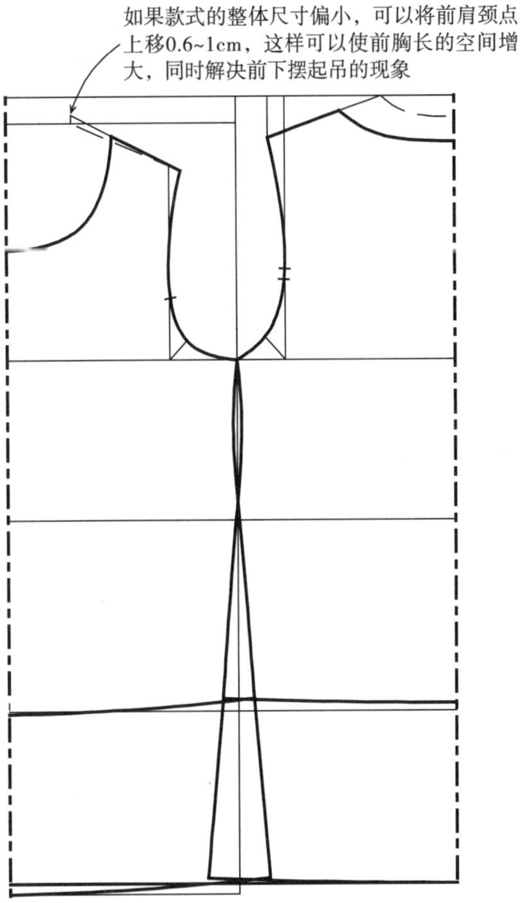

如果款式的整体尺寸偏小，可以将前肩颈点
上移0.6~1cm，这样可以使前胸长的空间增
大，同时解决前下摆起吊的现象

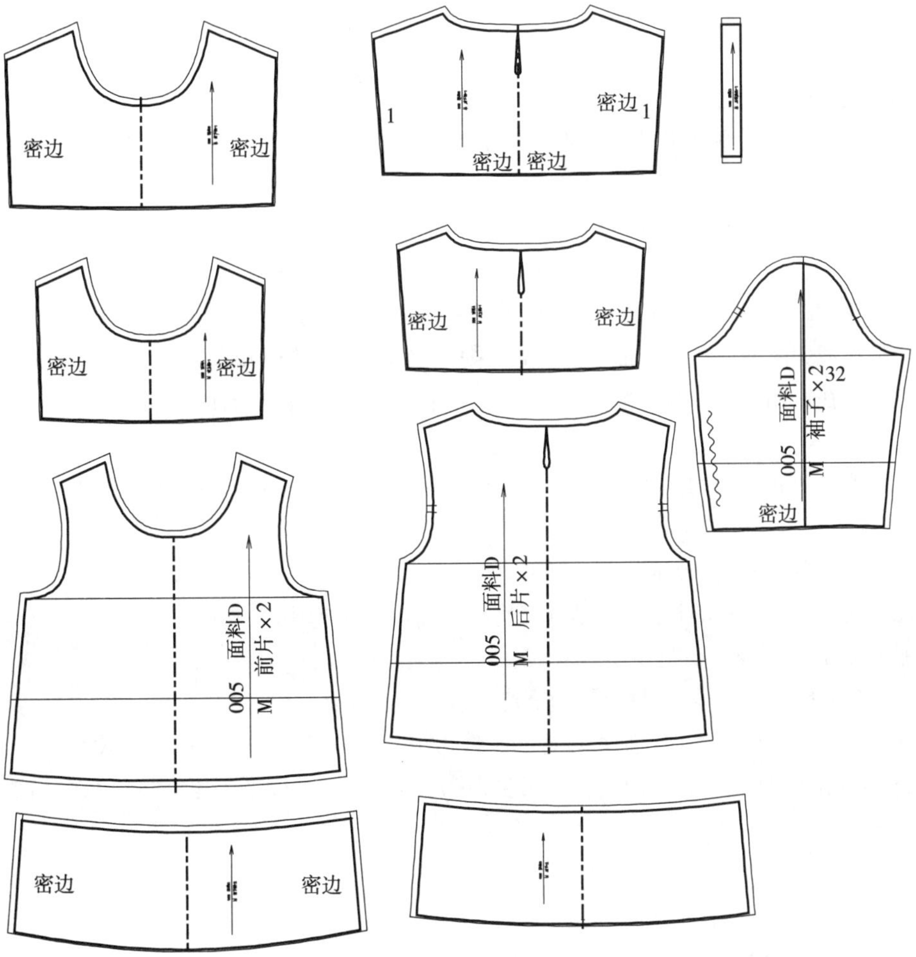

密边　密边

密边　密边

1　　　　密边1
密边　密边

密边　密边

密边　密边

005 面料D 袖子×32
M 密边

005 面料D 前片×2
M

005 面料D 后片×2
M

密边　密边

65

第四节　针织连衣裙基本型

款式特点：此款圆领，长袖，胯骨处分割，裙片由雪纺布、蕾丝布组成。

基码尺寸设置

单位：cm

部位	（度量方法）	M	档差
后中长		73.5	1.5
胸围		84	4
腰围		70	4
摆围			4
肩宽		35	1
袖长		57	1
袖肥		29	1.5
袖口		18	1
袖窿		421	2

1. 针织面料特征和打板要领

（1）针织服装从面料方面可分为无弹力、中弹力和高弹力，而款式方面也可以分为贴体类、合体类和宽松类。

（2）由于针织面料是以线圈穿套的方式织成的，受力时伸长，不受力时就回缩，有很大的弹性，为了控制产品的尺寸，有的部位在工艺上采用直纹布条、纱带或者胶带来加以固定处理。

（3）同样由于弹性较大的原因，针织服装采用有弹性的针织衬，而不采用普通无弹性的无纺衬。

（4）由于针织面料在裁剪时断面容易脱散，因此常常采用包缝、卷边、滚边和缱罗纹的处理方式。

（5）针织面料的横纹在截断后会出现自然卷曲的现象，现代的时装设计中，有时会利用这种特征做自然卷曲的边缘处理。

（6）针织服装在裁剪时对布纹线的方向要求比较严格，如果经纬、纱向有偏差就会形成产品左右边长短误差。

（7）针织服装的滚条一般采用横纹方向，而不采用斜纹和直纹。

（8）针织服装在打板时利用面料的特点，要尽量简化衣片结构，与梭织服装相比，袖窿、袖山的弧线弯度变直，减少袖山高，插肩袖的分割线也要变直。

（9）针织服装的拼合一般使用四线包缝机，缝边宽度为0.75cm（5/16″）。

（10）针织连衣裙的里布如果没有弹力，则可以把布纹线做成斜纹，这样里布就有了伸缩性。

（11）在制作领圈时，由于针织面料的伸长性和领圈宽度产生内圆和外圆的长度差，所以在计算领圈条的长度时：

①原身布按10∶1的比例缩短。即假设领圈总长为40cm,领圈条只需要36cm即可,在拼合时要拉开4cm。

②罗纹布按10∶2的比例缩短。

③毛线布按10∶3的比例缩短。

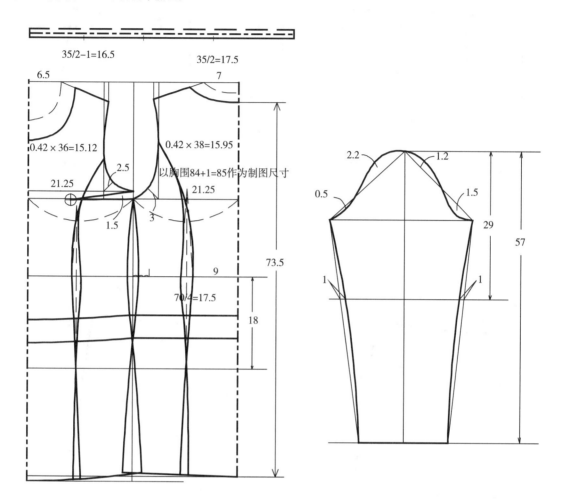

2.加入碎褶量的比例

碎褶量与布料的属性和工艺有很大的关系,例如棉布一般只需要加入1∶0.5的比例即可,而网布则可能要加入1∶1或者更多的褶量,下面是常见的布料加入褶的比例见下表。

	布　料	比　例
1	雪纺,真丝类	1∶0.7
2	棉布	1∶0.5
3	网布	1∶1或者1∶2
4	呢料	1∶0.5
5	针织布	1∶1
6	打揽	1∶1.5

注:特殊的时装款式将有所变化。

第一步　把裙片部分复制下来

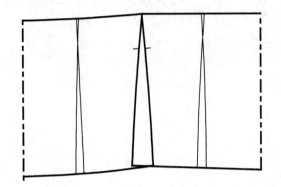

第二步　把前中片和前侧片对接

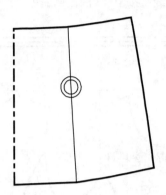

第三步　侧长分成四等分

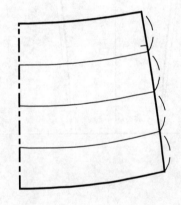

第四步　重叠部分设为 4cm

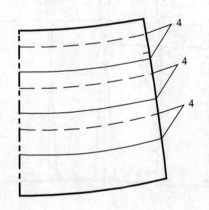

第五步　复制出每一节的位置

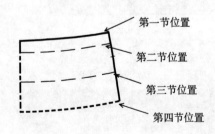

第一节位置

第二节位置

第三节位置

第四节位置

第六步　完成的裁片

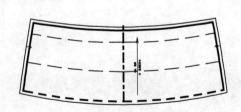

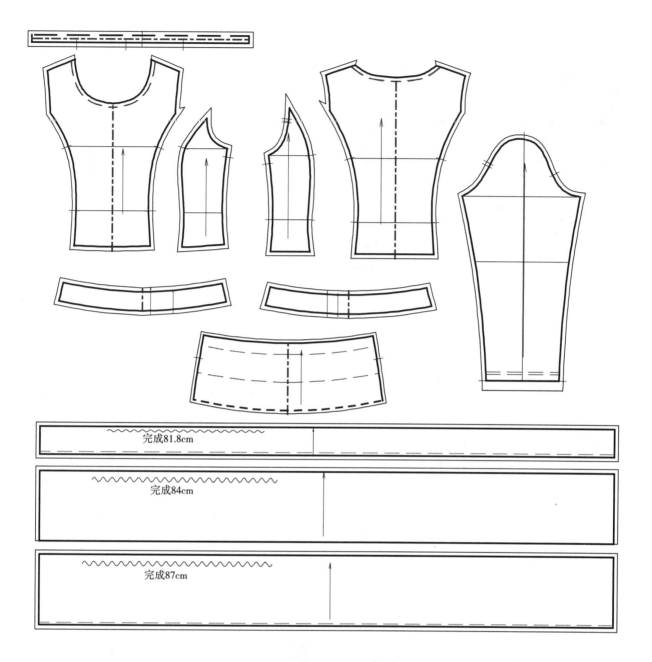

完成81.8cm

完成84cm

完成87cm

针织款式在缝纫时,要把缝纫机的针板换成小孔的,机针也要换成9号或者11号的,压脚要换成小间距的1/16号,四线包缝机的机针也要换成小号的,防止出现扎坏面料的现象。

透明橡筋的安装方法(见右图)

工业绷缝机和包边卷筒（下图）

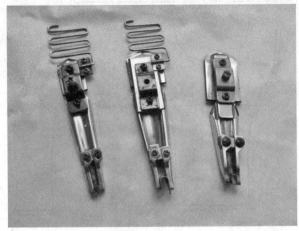

小结：四种基本型的对比（下图）

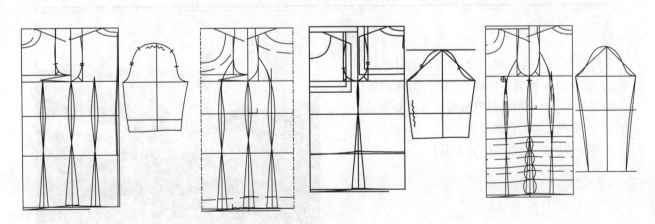

	后中整片式基本型	后中剖缝式基本型	无省基本型	针织基本型
1. 各部位尺寸	较大	较大	较大	较小
2. 胸围加省去量	1	2	0	1
3. 胸围前、后差	1	1	1	0
4. 后腰围计算方法	W/4-0.5	W/4-0.5+后中剖缝的一半	W/4-0.5	W/4
5. 前、后上平线差数	0	0	2.5	1.2
6. 袖子弯度的方向	向后弯0.75			向中弯1
7. 袖山吃势（全围）	1	1	1	0
8. 后肩宽	S/2+0.5	S/2+0.5	S/2+0.5	S/2
9. 前肩宽	S/2-1	S/2-1	S/2-1	S/2-1
10. 袖山参数	0.5-2.5-1.3-2	0.5-2.5-1.3-2	0.5-2.5-1.3-2	0.5-2.2-1.2-1.5
11. 前袖窿弯度控制点	2.2	2.2	2.5	2.5

注：袖山参数是指控制袖山弧线，从后到前的四个数据。

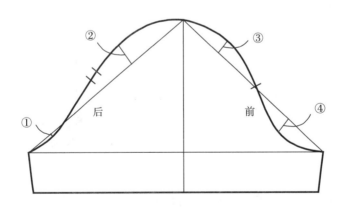

第四章　连衣裙实例分析

第一节　衬衣领短袖断腰节连衣裙

款式特点： 短袖,衬衣领,前后收腰省,下半身有里布。

衬衣领类型款式,简洁大方,年轻化,是永不过时的时装元素。

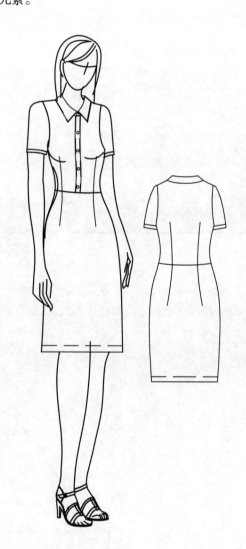

基码尺寸设置

单位: cm

部位	（度量方法）	M	档差
后中长		80	1.5
胸围		92	4
腰围		75	4
臀围		97	4
摆围		90	4
肩宽		37.5	1
袖长	（短袖）	14.5	2
袖口	（短袖）	31.5	1.5
袖肥		32	1.5
袖窿		45	1.5

注：下摆围的尺寸和衣长有关。一般情况下
　　最小尺寸为90cm左右,如果小于90cm,
　　则需要考虑加侧衩或者后衩。

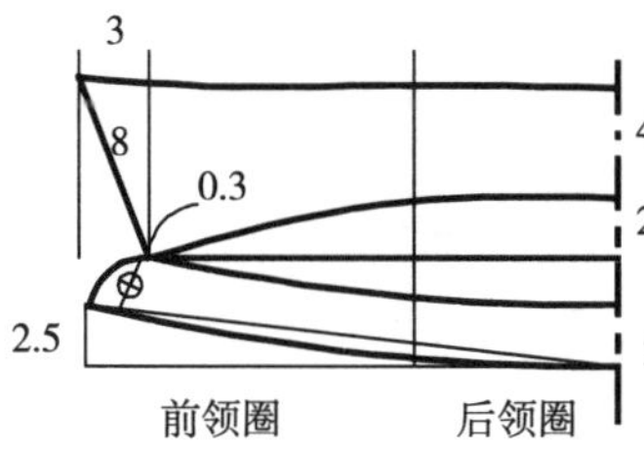

3
8
0.3
4.5
2.5
2
2.5
2.5
前领圈
后领圈

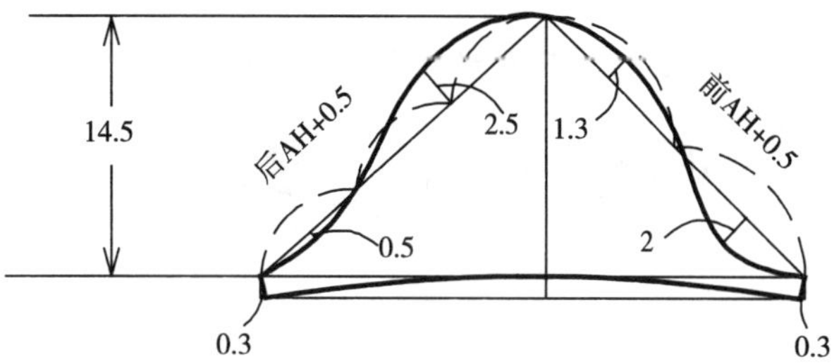

14.5
后AH+0.5
2.5
1.3
前AH+0.5
0.5
2
0.3
0.3

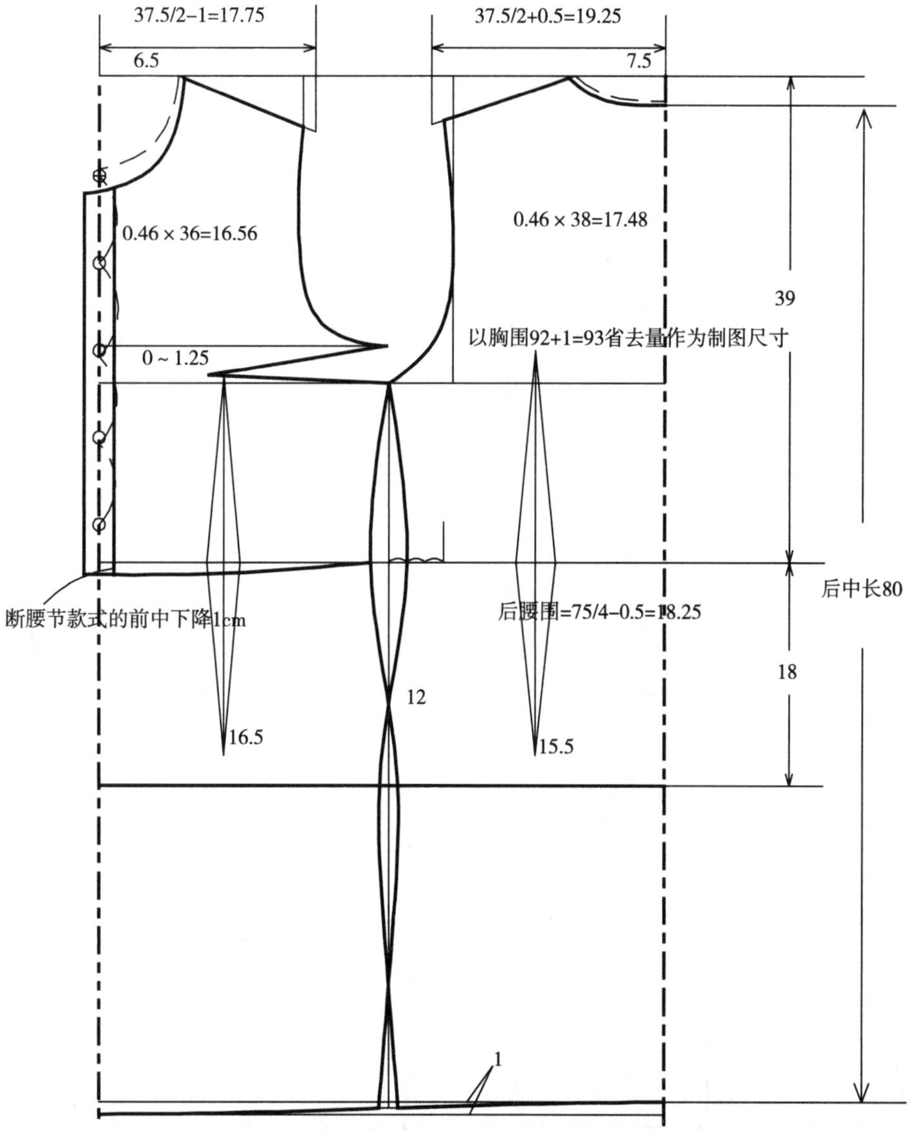

37.5/2−1=17.75
37.5/2+0.5=19.25
6.5
7.5
0.46 × 36=16.56
0.46 × 38=17.48
39
以胸围92+1=93省去量作为制图尺寸
0 ~ 1.25
后中长80
断腰节款式的前中下降1cm
后腰围=75/4−0.5=18.25
18
12
16.5
15.5
1

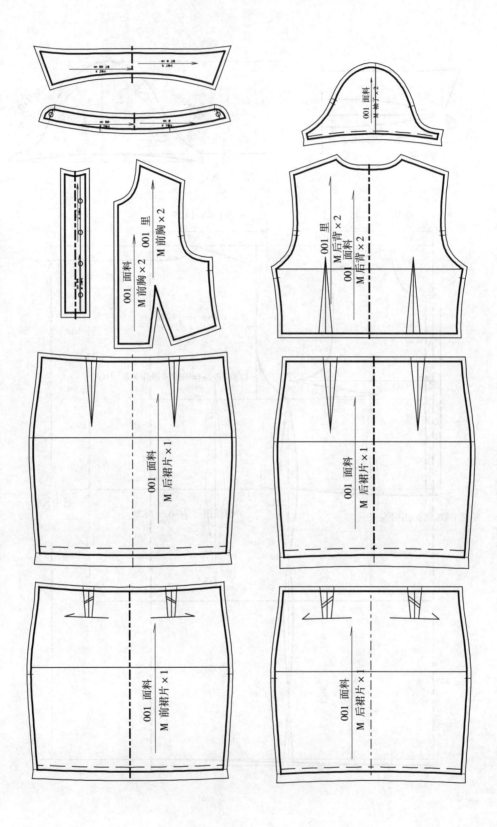

长袖的画法

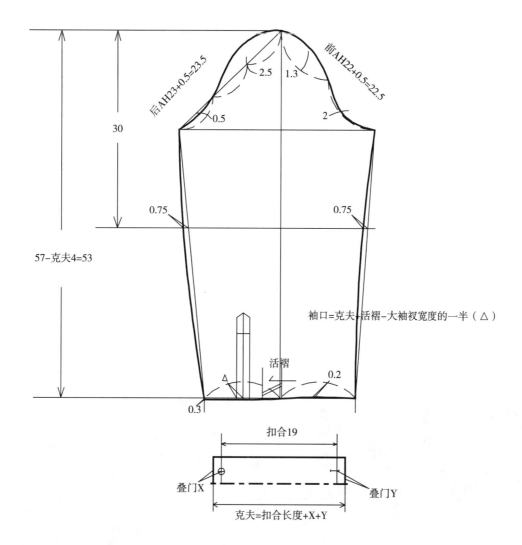

后AH23+0.5=23.5

前AH22+0.5=22.5

2.5

1.3

0.5

2

30

0.75

0.75

57−克夫4=53

袖口=克夫+活褶−大袖衩宽度的一半（△）

活褶

△

0.2

0.3

扣合19

叠门X

⊕

叠门Y

克夫=扣合长度+X+Y

衬衫领架的做法

　　领架（见右图）是用白纸板做成的一个净样，它是服装批量生产中的非常实用的工具，它可以同时控制上领和下领的宽度，使成批领子做出来的长度和宽度都是一致的。

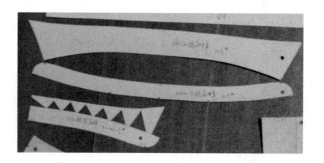

上领和下领　　　　　　　第一步　把下领翻过来　　　　　第二步　把上下领放在一起

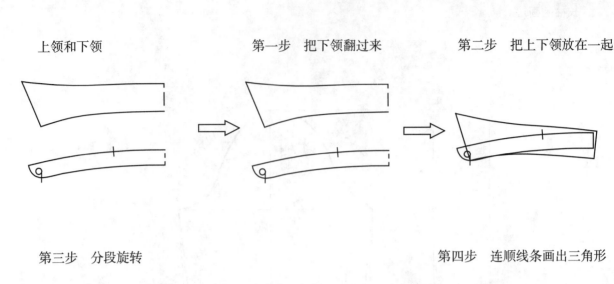

第三步　分段旋转　　　　　　　　　　　　　　第四步　连顺线条画出三角形

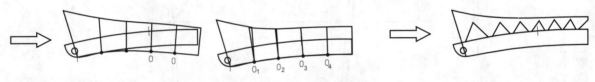

领架的用法（见下图）

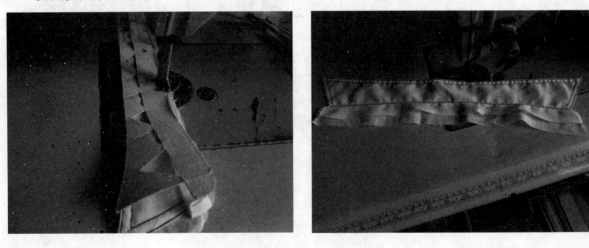

第二节　前中相连衬衫领三开身连衣裙

款式特点：吊带，后背穿橡筋，腰节和腰带用色丁布，腰侧有线襻。

基码尺寸设置

单位：cm

部位	（度量方法）	M	档差
后中长		82.5	1.5
胸围		91	4
腰围		78	4
殿围		96	4
摆围	（水平测量）	120	4
肩宽		39	1
袖长		18	0.5
袖肥		32.5	1.5
袖口		30.5	1.5
袖窿		44	2

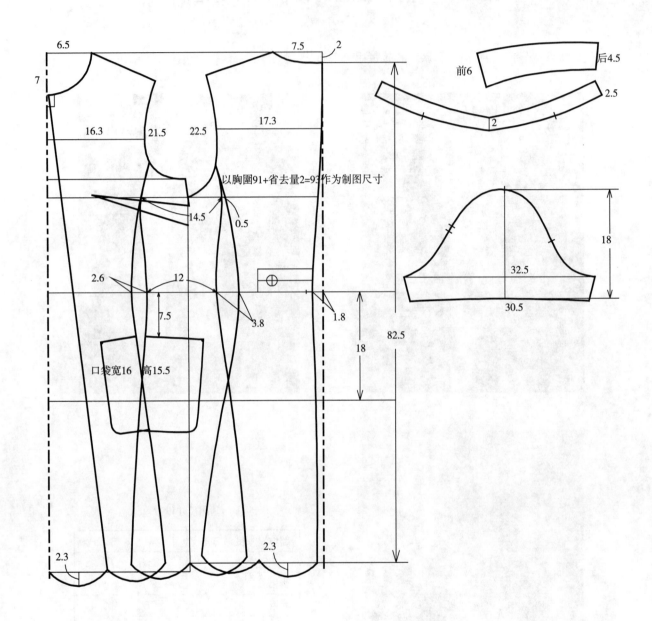

以胸围91+省去量2=93作为制图尺寸

口袋宽16　高15.5

前6　　　后4.5

为什么下领会产生折角现象

许多板师在绘制前中相连的衬衫领时把下领画成原顺的线条,这种做法是错误的。我们把普通衬衫领从前中线对接在一起就可以看到,其实下领部位是一个折角的现状,所以正确的下领图形应该是角度大约为130°的形状。

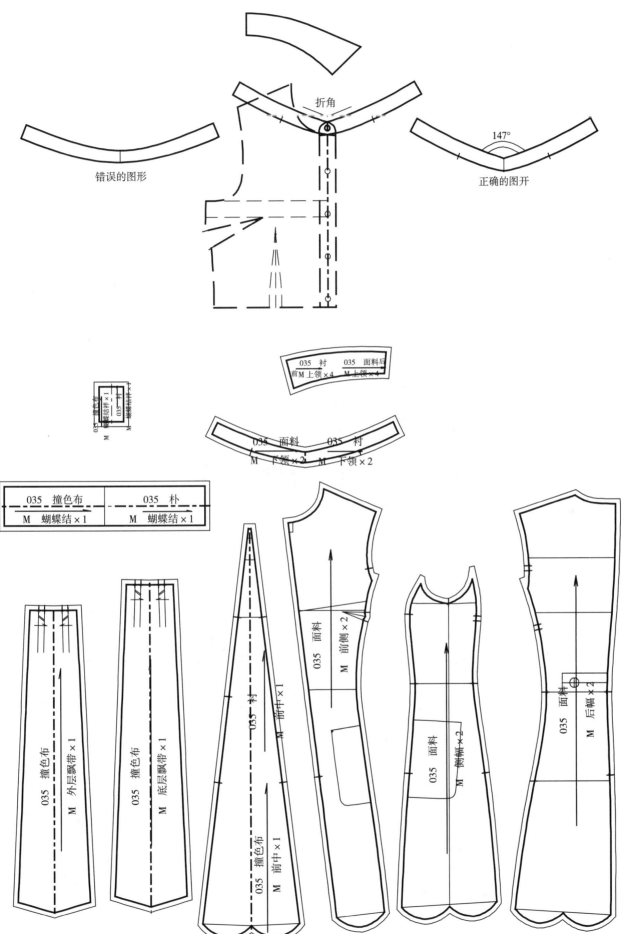

错误的图形

折角

147°

正确的图开

035 衬
前M上领×4

035 面料后
上领×1

035 撞色布
M 蝴蝶结样×1

035 衬
蝴蝶结样×1

035 面料
M 下领×2

035 衬
M 下领×2

035 撞色布
M 蝴蝶结×1

035 朴
M 蝴蝶结×1

035 撞色布
M 外层飘带×1

035 撞色布
M 底层飘带×1

035 撞色布
M 前中×1

035 衬
M 前中×1

035 面料
M 前侧×2

035 面料
M 侧幅×2

035 面料
M 后幅×2

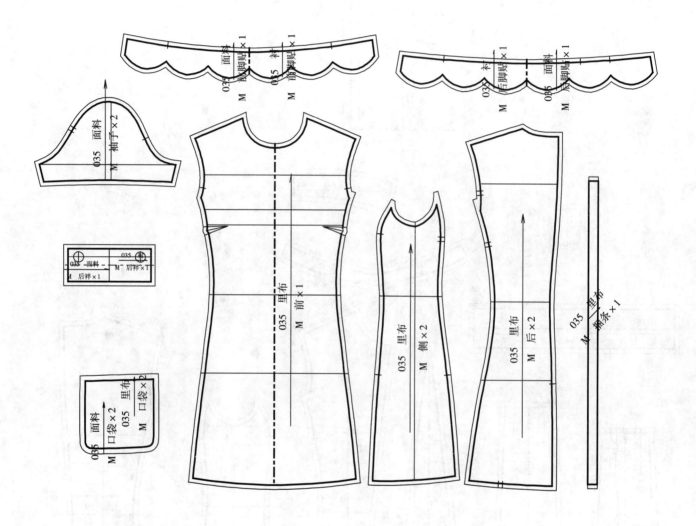

第三节　弹力蕾丝布大摆连衣裙

款式特点：船形领，长袖，双层下摆，面料为弹力蕾丝布，选用针织连衣裙基本型。

基码尺寸设置

单位：cm

部位	（度量方法）	M	档差
后中长		80	1.5
胸围		84	4
腰围		70	4
摆围		255	4
肩宽		35	1
袖长		57	1
袖肥		29	1.5
袖口		18	1
袖窿		41	2

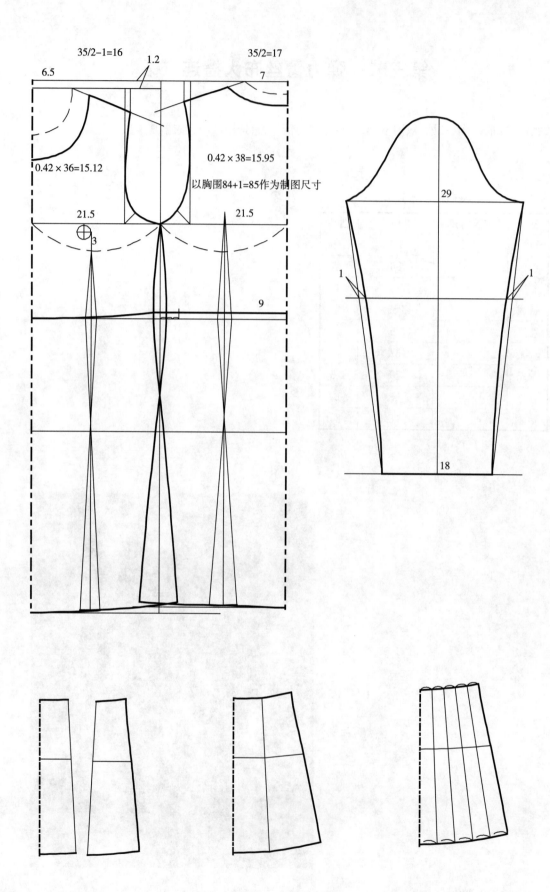

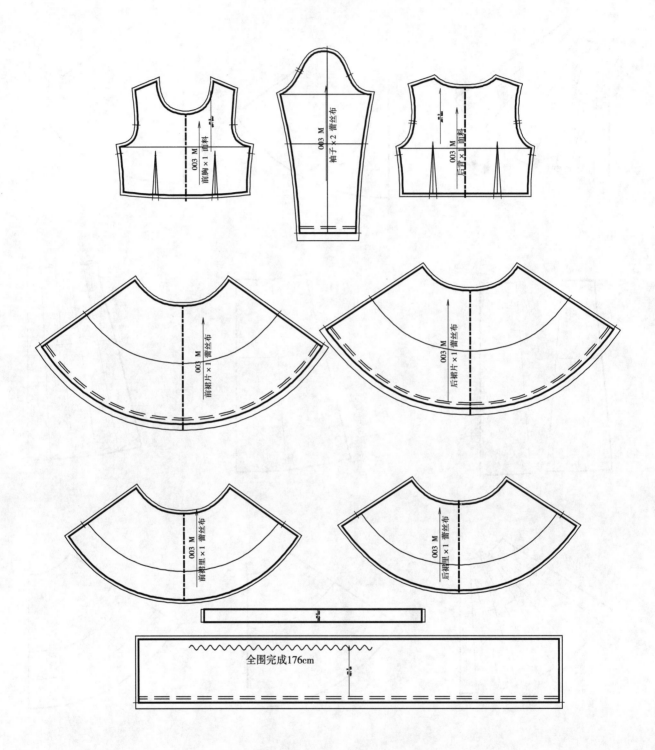

全围完成176cm

第四节 针织布和梭织布结合的连衣裙

款式特点: 这个款式的前胸外层是梭织布的,前胸内层和后背是针织布的,下半段是压皱布的,由于针织布和梭织的特征不一样,存在一定的冲突,所以外层的梭织布要留有一定的放松量。

基码尺寸设置

单位: cm

部位	(度量方法)	M	档差
后中长		75	1.5
胸围		84	4
腰围		76	4
脚围		88	4
肩宽		32.75	1
袖长		15	1
袖肥		32	1.5
袖口		31.4	1.5
袖隆		41	2

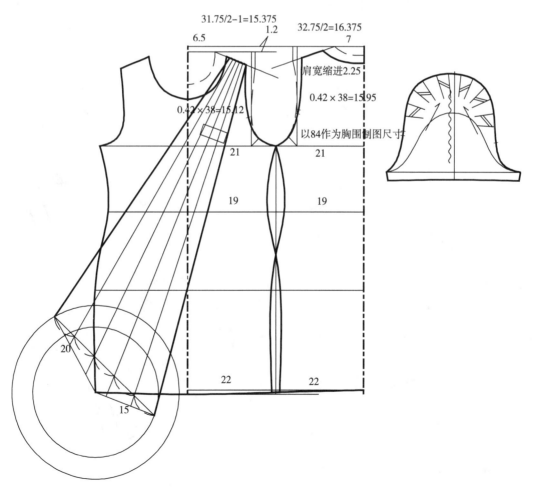

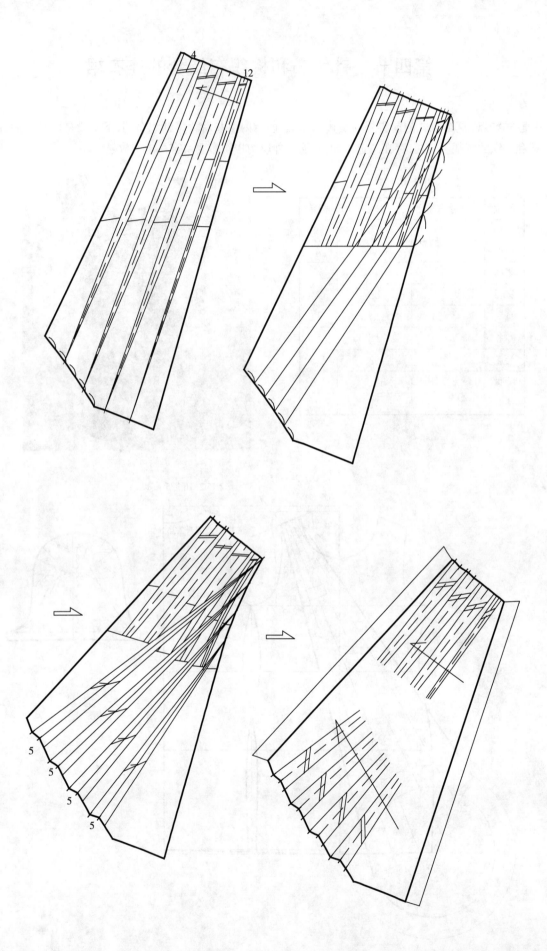

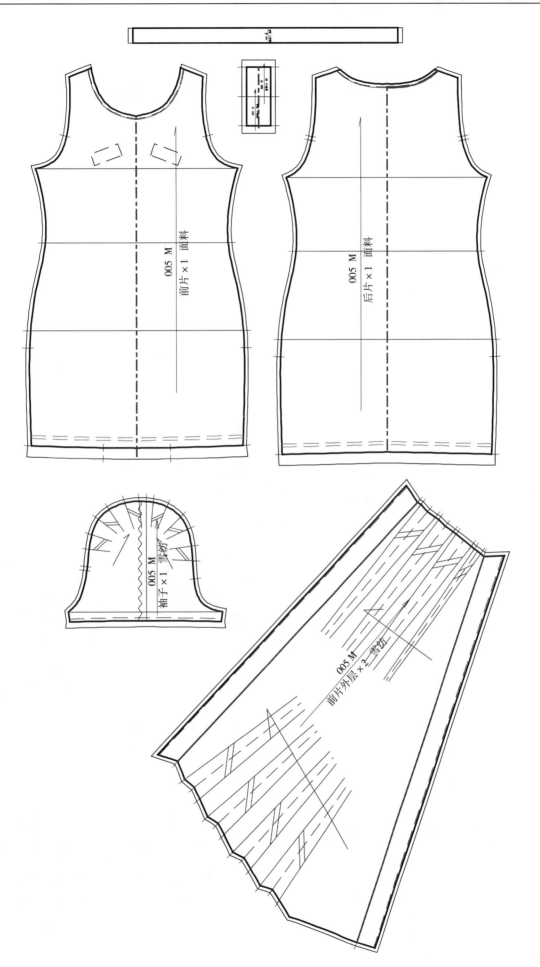

第五节　蕾丝面布无省里布有省连衣裙

款式特点: 由蕾丝布、净色布、绣花布和里布组成,短袖,船形领,后中装隐形拉链。

基码尺寸设置　　　　　单位: cm

部位	（度量方法）	M	档差
后中长		76	1.25
胸围		92	4
腰围		75	4
臀围		97	4
摆围	（参考尺寸）	99	4
肩宽		37.5	1
袖长		16.5	0.5
袖肥		32	1.5
袖口		31	1.5
袖窿		45	2

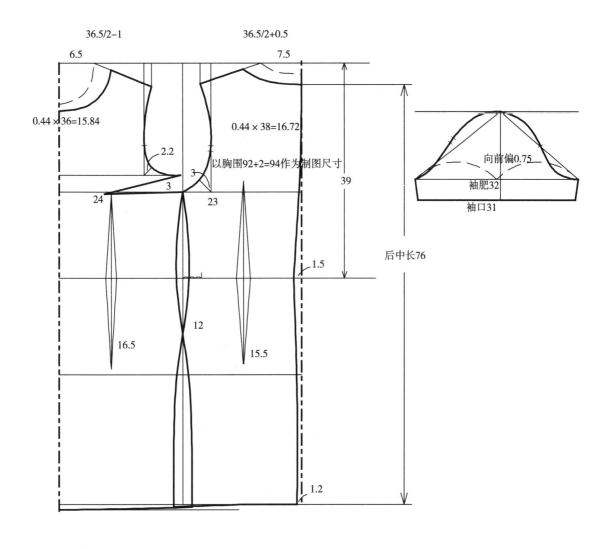

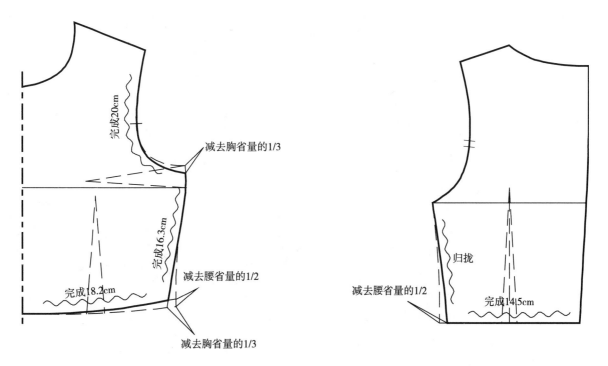

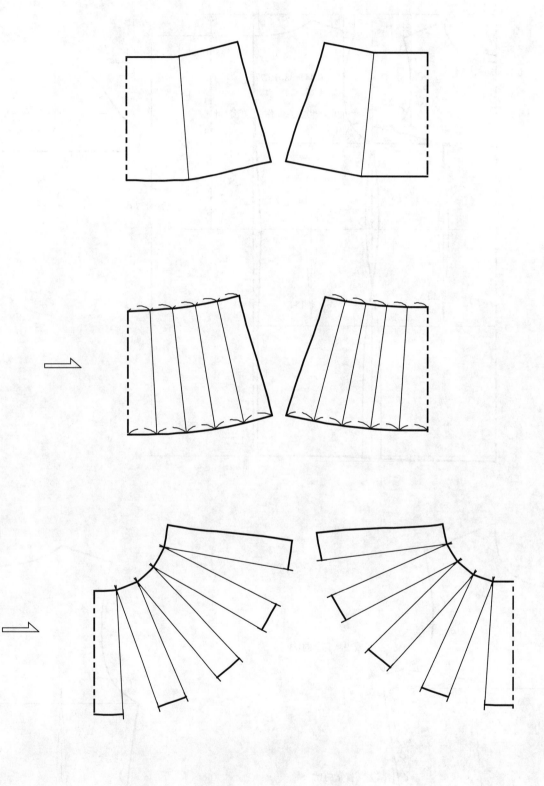

重新提取裁片

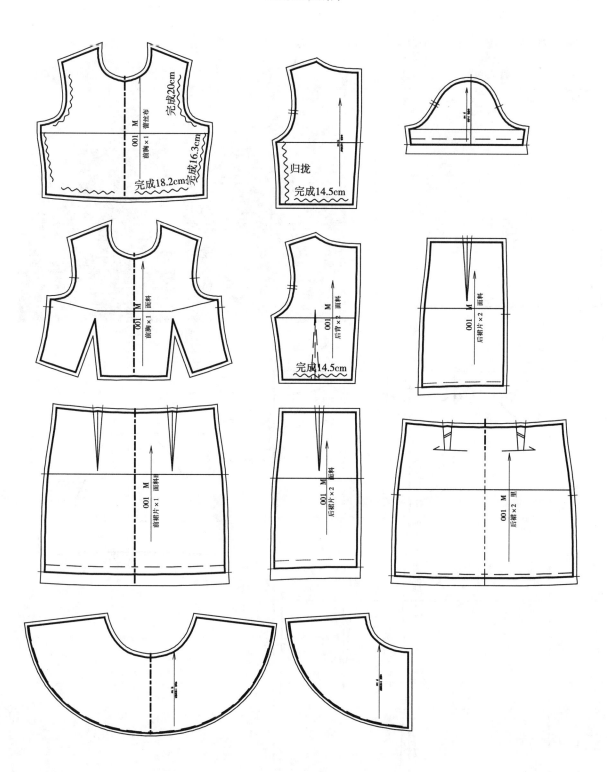

第六节　前片无省后片有省连衣裙

款式特点：后中装隐形拉链,后片有腰省,前片无腰省,有胸省,短袖,圆领。

基码尺寸设置

单位：cm

部位	（度量方法）	M	档差
后中长		80	1.5
胸围		92	4
腰围		76.5	4
摆围		100	4
肩宽		37.5	1
袖长		20	0.5
袖口		30.5	1.5
袖肥		32	1.5
袖窿		45	2

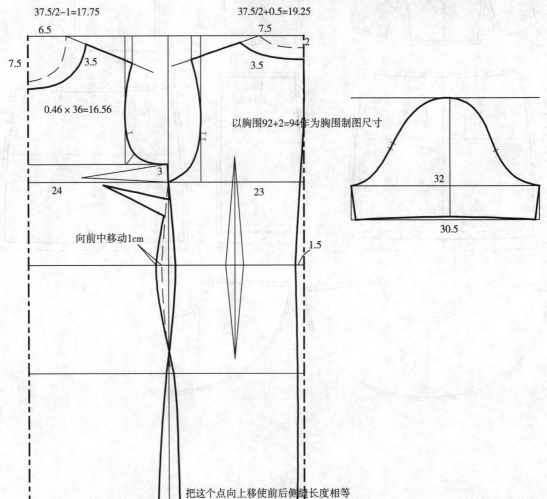

$37.5/2-1=17.75$

$37.5/2+0.5=19.25$

6.5

7.5

7.5

3.5

3.5

2

$0.46 \times 36=16.56$

以胸围92+2=94作为胸围制图尺寸

3

24

23

32

向前中移动1cm

1.5

30.5

把这个点向上移使前后侧缝长度相等

1.2

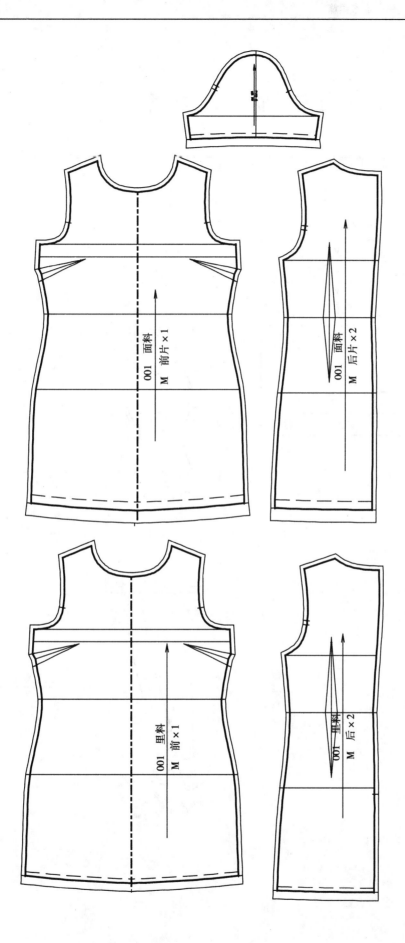

001 面料
M 前片×1

001 面料
M 后片×2

001 里料
M 前×1

001 里料
M 后×2

第七节　插肩袖连衣裙

款式特点：插肩袖结构，前后有腰省，左侧缝装隐形拉链。

基码尺寸设置

单位：cm

部位	（度量方法）	M	档差
后中长		81.5	1.5
胸围		92	4
腰围		75	4
摆围	（参考尺寸）	103	4
肩宽			
袖长	（肩颈点度）	26.5	0.8
袖口		32	1.5
袖肥		34.5	1.5

前肩宽=后背宽

6.5

1.5

7.5

0.44×38=16.72

0.44×136=15.84

前21

后22

2.2

3

0 ~ 1.25

2

腰节39

以胸围92+1=93作为胸围制图尺寸

3

胸/4-0.5=21.75

后腰=75/4-0.5=18.25

8.5

后中长80

1.5

17.5

12

16.5

15.5

1

26.25

25.25

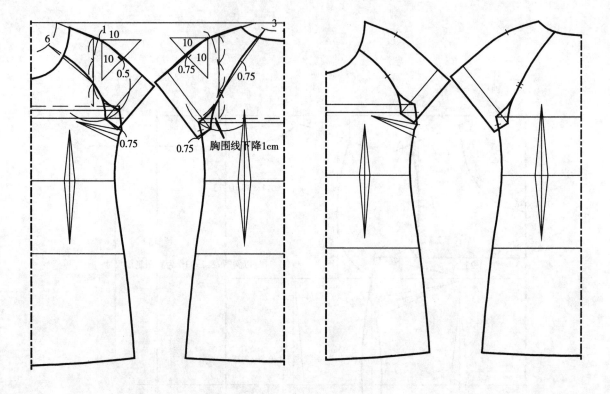

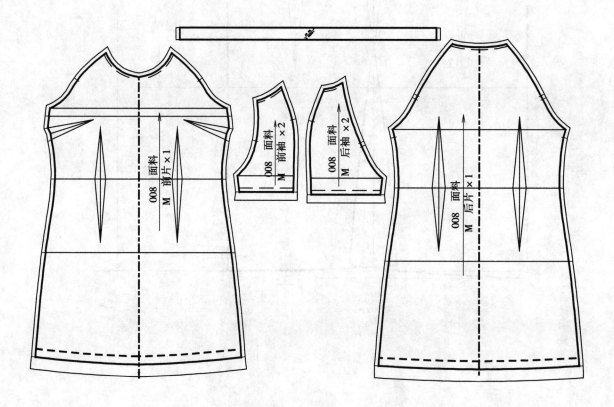

第八节　连身袖连衣裙

款式特点:款式连身袖结构,肩缝有两个褶,里布可分开,不需要装隐形拉链。

基码尺寸设置

单位: cm

部位	（度量方法）	M	档差
后中		86	1.54
胸围		94	4
腰围		94	4
下摆		106	4
袖长	肩颈点度	13	0.8
袖口		61	1.5

连身袖连衣裙款式的绘图要领

（1）尺寸要放大。连身袖适合做比较宽松的款式,只有使用有弹力的面料如针织布和丝绒布时,才会把尺寸调小。

（2）三围不分前后差,肩斜相同角度。连身袖款式可以不分前后差,肩斜的角度也可以做出同样的。

（3）确定袖中线的倾斜度方法见下图。

第一种

第二种

没有肩缝的款式和有格子以上

平线作为袖中线

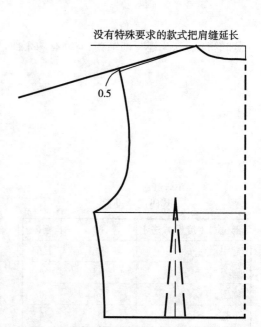

没有特殊要求的款式把肩缝延长

0.5

袖中线确定在这个范围内

第三种

第四种

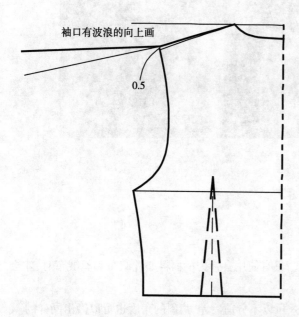

袖口有波浪的向上画

0.5

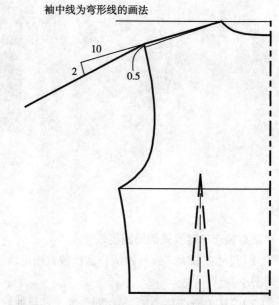

袖中线为弯形线的画法

10

2

0.5

（4）袖底线的形状

连身袖的袖底线的形状有很大的变化幅度，总体分为三种形状，即锐角、直角和钝角，见下图。

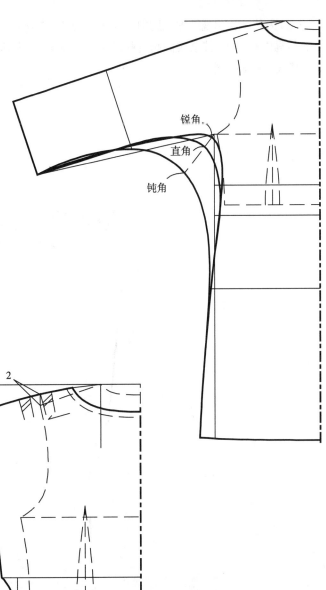

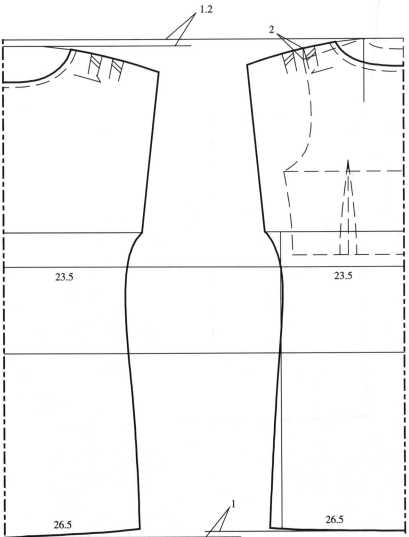

（5）为什么会出现腰围和胸围一样大的现象,甚至腰围会超过胸围尺寸。当款式很宽松的时候,会出现腰围和胸围一样大,甚至腰围超过胸围尺寸的现象,当腰围特别大时,可以把袖窿底的线条调弯一点,以保证侧缝线的顺畅自然。

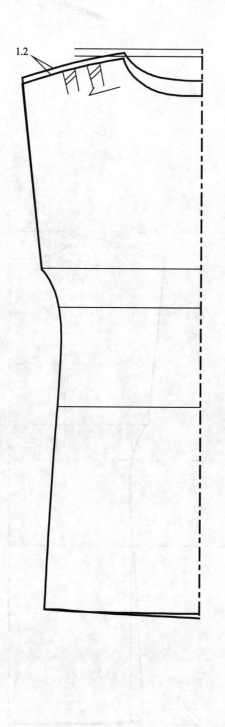

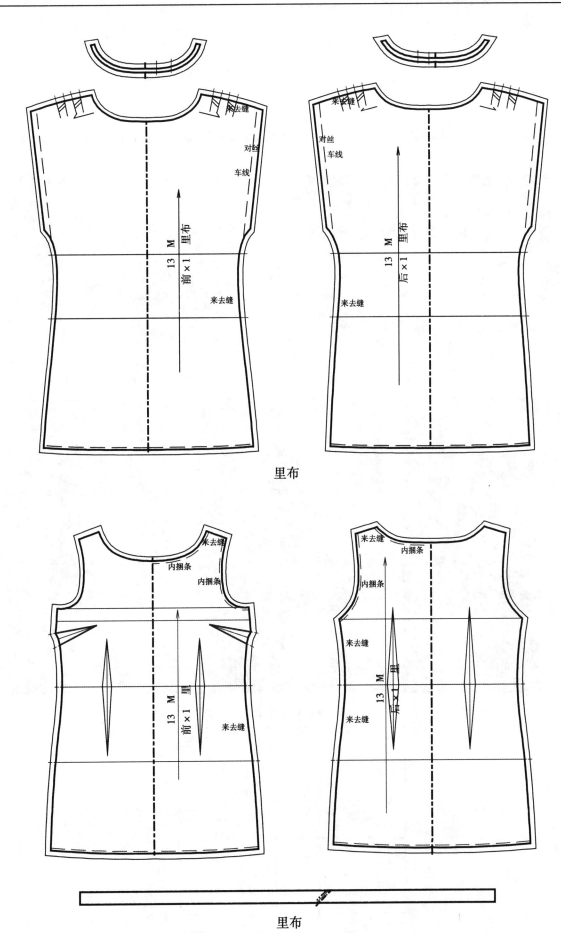

里布

里布

第九节　打揽橡筋线袖口连衣裙

款式特点: 打揽,是服装制作工艺之一,是由特种机器设备把橡筋线按照不同的密度和不同的图案缉在布料反面而成(下图)。

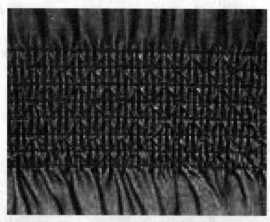

基码尺寸设置

单位: cm

部位	(度量方法)	M	档差
后中长		80.5	1.5
胸围		92	4
腰围	(打揽完成后)	66	4
	(基本型制图)	75	
摆围			4
肩宽		35.5	1
袖长		58	1
袖口		18	1
袖肥			1.5
袖窿		45	2

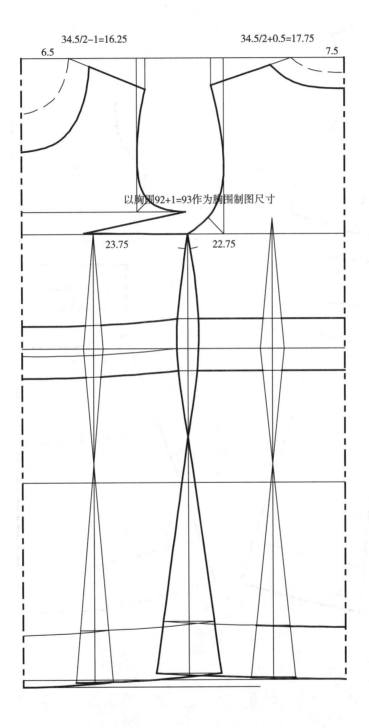

34.5/2-1=16.25　　　34.5/2+0.5=17.75

6.5　　　　　　　　　　　　　　　　　　　7.5

以胸围92+1=93作为胸围制图尺寸

23.75　　　22.75

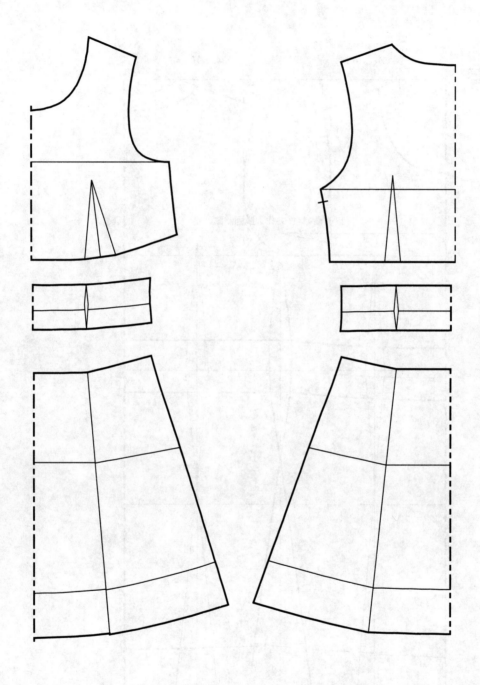

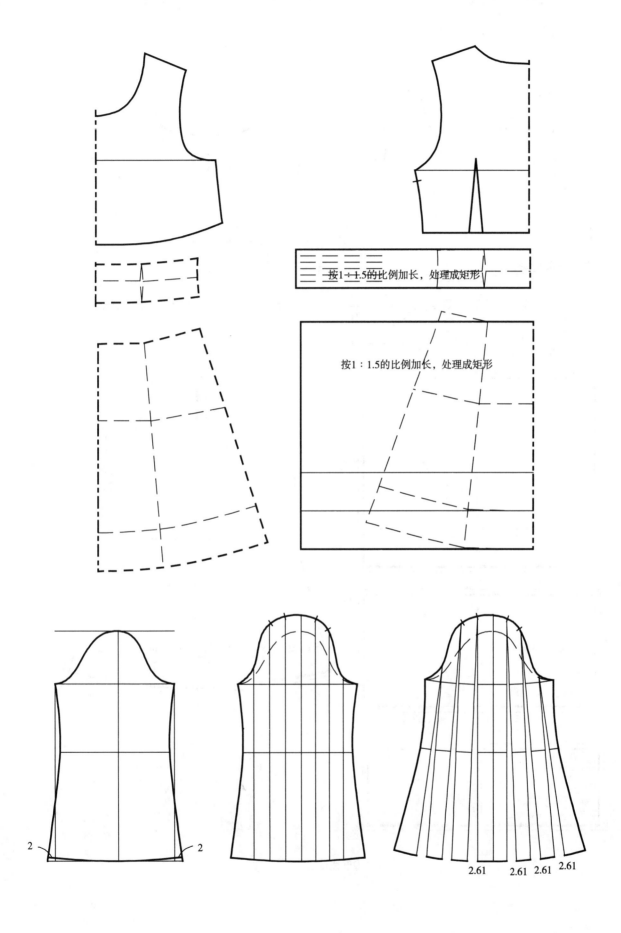

按1：1.5的比例加长，处理成矩形

按1：1.5的比例加长，处理成矩形

2　　　　　2

2.61　　2.61　2.61　2.61

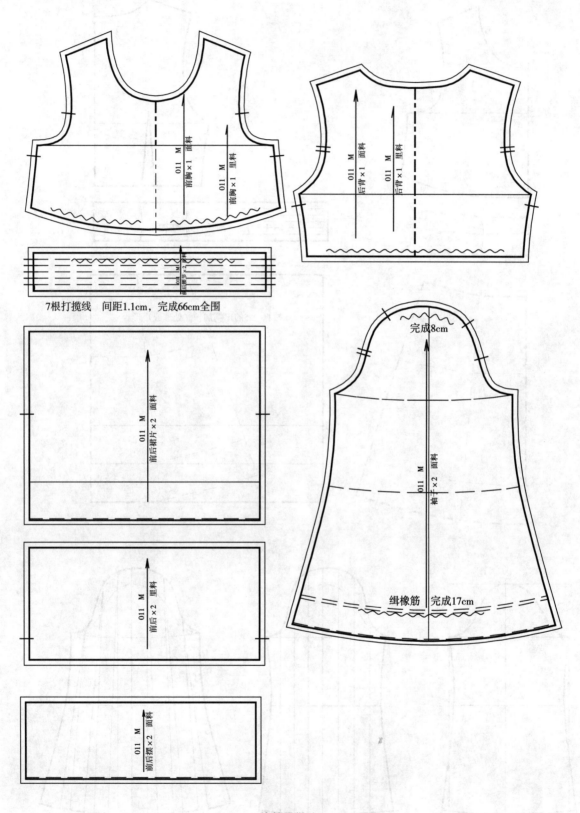

7根打揽线　间距1.1cm，完成66cm全围

橡筋线做法

第十节　看样衣打板—针织布手帕下摆连衣裙

一、需要测量的部位

看样品打板也称驳样，即根据已有的样品(样衣)来分析完成纸样，看样打板首先要量取样品的详细尺寸，例如上衣量取的部位有：

① 后中长	⑪ 摆围
② 后衣长	⑫ 肩宽
③ 前中长	⑬ 小肩
④ 前衣长	⑭ 袖长
⑤ 侧缝长	⑮ 袖口
⑥ 前胸宽	⑯ 袖肥
⑦ 后背宽	⑰ 袖窿
⑧ 胸围	⑱ 前领圈
⑨ 腰围	⑲ 后领圈
⑩ 臀围	

二、制图步骤

第一步　测量尺寸

这个款式没有袖子,就无法测量袖长、袖口、袖肥的尺寸了。

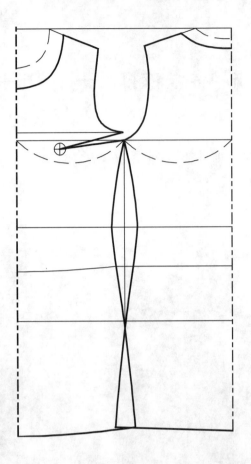

第二步　画底稿

第三步　拷贝样衣裁片

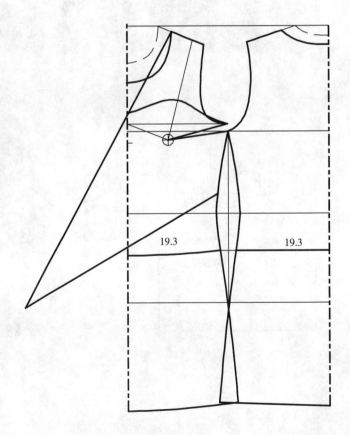

19.3　　　　　　19.3

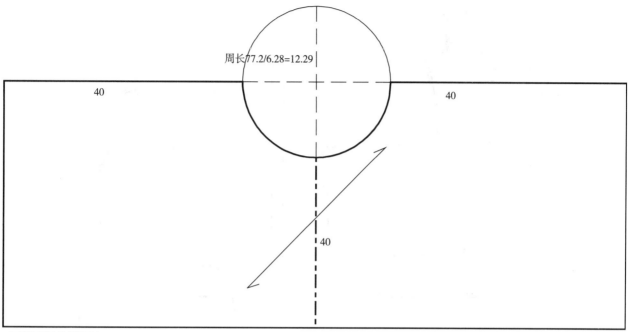

周长77.2/6.28=12.29

40　　　　　40

40

手帕形裙片的画法

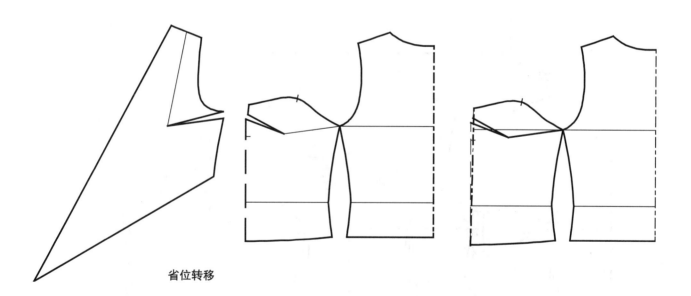

省位转移

第四步 完成全部裁片

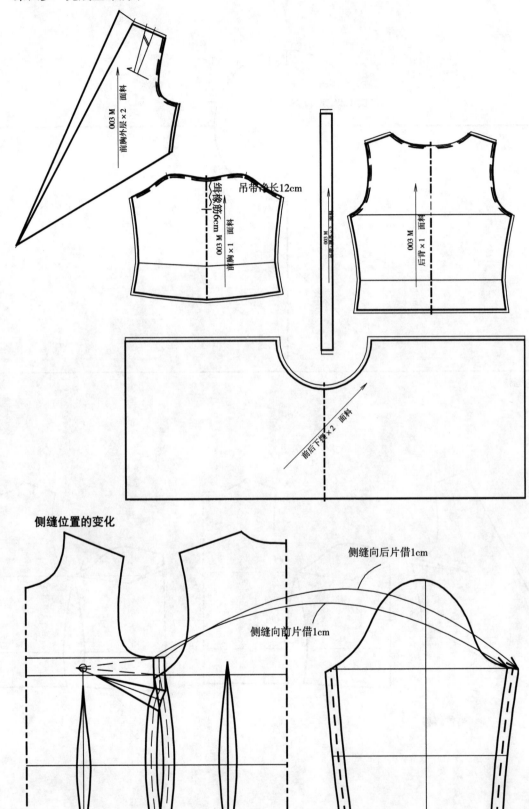

侧缝位置的变化

第十一节 三款晚礼服

一、有关礼服的基本知识

1. 什么是晚礼服

晚礼服最早是西方国家上层社会的贵妇使用,第二次工业浪潮以后,众多的年轻人需要夜生活和社交活动,晚装演变得更简洁更经济。在人们的意识里,越高档的场所,人们对美的追求越强烈,晚装的面料要有一定的光泽、有一定的厚度。由于高档的酒店、会所和高档的汽车里面都有空调,所以晚装把造型放在第一位,厚度放在次要的位置。

2. 什么是立裁,对立裁正确的认知。

学习打板的人通常有这样的疑问,就是平面裁剪技术(以下简称平裁)高级还是立体裁剪技术(以下简称立裁)高级,有的朋友肯定说立裁高级,也有的朋友说立裁不实用,在此我们就这个问题做一点探讨和总结:

首先,我们来看看服装公司打板师傅平裁的实际操作方法,在服装公司里,如果这个款式有一个比较独特的领子或者袖子,打板师傅在画好纸样后,会找一块和实际布料有同样性质的布料来裁剪一下,然后把这个裁片放在人体模型上,观察和修正一下实际的效果。这种操作实际上就是立裁的基本操作。

第二点,我们再来考察一下立裁的起源,作者在新浪博客上看到一篇文章,

立体裁剪的起源与发展 (2010-12-27 08:20:11)

　　+ 转载 ▼

标签: 服装学科资源 杂谈　　分类: 服装学科资源

立体裁剪技术并不是一种新的裁剪方法,它有着悠久的发展史。

起源:

原始社会,人类将兽皮、树皮、树叶等材料简单的加以整理,在人体上比划求得大致的合体效果,加以切割,并用兽骨、皮条、树藤等材料进行固定,形成最古老得服装,这便产生了原始的裁剪技术。随着科学技术的发展,人类逐渐学会了简单的数据运算和绘制几何图形,于是又产生了平面裁剪技术。由于平面裁剪方便快捷,人们渐渐淡化了立体裁剪。

……从这段文字可以看出,立裁不是新的裁剪方法,而是早在远古时期的先民就已经在运用的一种最直接,最直观的裁剪方法。这样说,并不影响立裁在当今的声望和地位,而是提醒大家,不要把立裁神秘化,不要把立裁放到一个高不可攀的位置,我们应该对立裁持一个正确的认知,既不要认为立裁是一个无所不能的裁剪方法,也不要刻意去贬低立裁,立裁和平裁是互补、互相结合的关系。

第三点,我们来看看立裁的流派,现在社会上流行的有欧式立裁、日本立裁、意大利立裁等,对于这些流派的划分,我们不去评判,因为不管是哪一派,其理相同,其义也是想通的,根据作者的观察,立裁分为两种操作模式:

第一种是单件定制的模式。

第二种是工业生产的模式。

单件定制的模式是直接用实际面料在人体模型上提供各种立裁的针法、手法和裁剪来得到需要的款式和造型,经过顾客确认以后,把这些裁片取下来,再通过整理、加衬条、缝制、半成品测量、试穿、缝合、

整烫完成,这种模式存在很多的弊病,因为这个作品是唯一的,不能重复或者批量生产,甚至如果顾客的体型不够标准,因为没有特殊体型的人体模型也是没办法做的,至于有人提出真人立裁的概念,现实中可行性不大。

工业生产的模式是用白坯布进行立裁,这种白坯布有不同的种类,可以试制不同的厚度、不同的弹力,以及针织款式的真实效果,不论多么复杂的款式,它可以很快得到纸样,这样更加有利于批量生产和改款。这种模式很适合晚礼服的制作和生产,还可以替代单件定制的模式。

3. 针苞的做法(下图)

针苞的材料:(1)硬纸板,(2)手缝针,(3)604# 粗线,(4)棉花,(5)人造皮革,(6)2cm 宽度、15cm 长度松紧带,(7)直径为 22cm 的棉布和比较疏松的深色布料各一块。

(1)把硬纸板剪成直径 6.5cm 的圆形,再把 3~4 层重叠在一起,保持一定的厚度和硬度,把人造皮革剪成直径 11.5cm 的圆形,用手缝针缝两圈线,再包住硬纸板,抽紧线以后打结,制成底座。

(2)用棉布包住大小适中的一团棉花,再用深色布包住,制成棉苞。

(3)夹入松紧带后把棉苞用手缝紧密地缝在底座上即可。

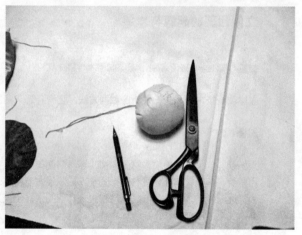

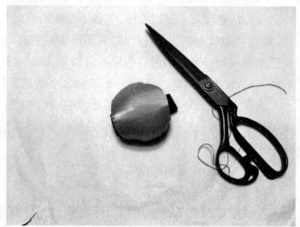

4. 工具和坯布的种类

常用的工具有大头针、针苞、人台、圆珠笔、水笔、剪刀、定位胶带。

坯布的种类：

坯布要和实际面料特征相符合,常用的有：

（1）白色厚棉布,用来试制大衣。

（2）白色薄棉布,用来试制衬衫和连衣裙。

（3）白色针织布,用来试制针织款式。

坯布要求白色半透明,太滑、太飘逸的布料不适合做坯布,另外坯布要先缩水才能使用。

5. 立裁基本功——白坯布复纸样（见下图）

白纸复制的纸样

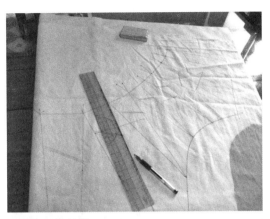

白布复制的纸样

6. 立裁的针法（见下图）

定位针法

搭接针法

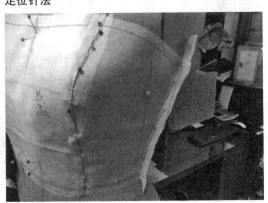

捏合针法

假缝针法

7. 立裁的操作过程和要领(右图)

第一步:加胸杯棉,用平面和立裁相结合得到样片的基本形状。

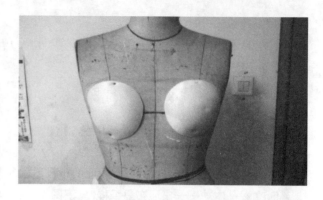

第二步:做胸托布,注意胸托布是双层里布＋单层黏合衬,这样可以有效地防止由于加入了黏合衬使上半身和下半身产生色差。

第三步,做前胸外层的造型,由于胸托布已经把胸部固定,外层只需要以托布为基础做出有褶、或者其他造型即可。

立裁的关键要领就是用坯布做出需要的造型,这个造型的形状和尺寸都可以不断调整和修改,然后把这个造型变成纸样,这就用到前面讲到用白布复制服装纸样的训练了,因为白布复制的纸样和白纸复制的纸样一样的精确,现在有很多人利用CAD读图板,把坯布造型读入电脑,也是非常精确和快速的。

8. 晚礼服需要的辅料(下图)

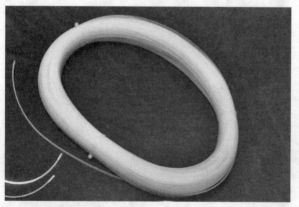

鱼骨

安全扣

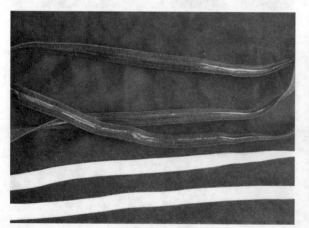

防滑条

胸杯棉

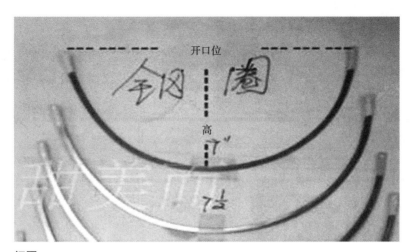

钢圈

怎样确定钢圈的位置(见下图)。

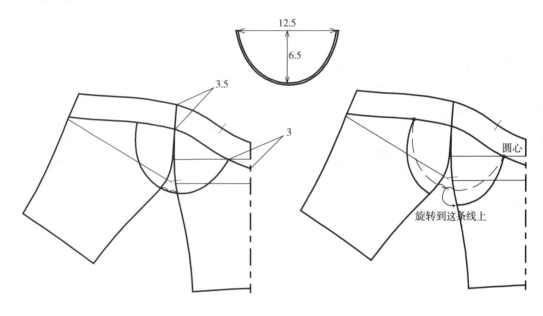

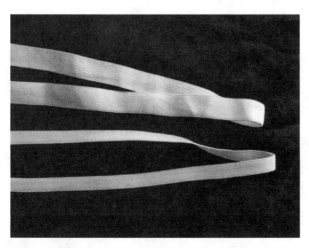

橡筋

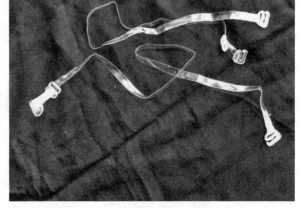

隐形吊带

吊带调节扣

橡筋线

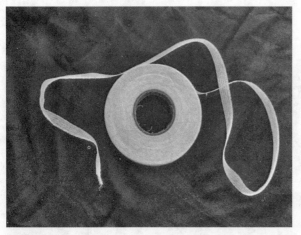

防长衬条

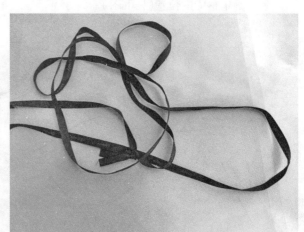

挂耳丝带

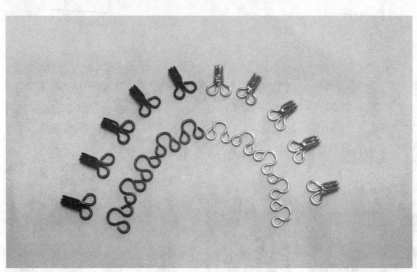

对钩

晚礼服所需辅料及布局图

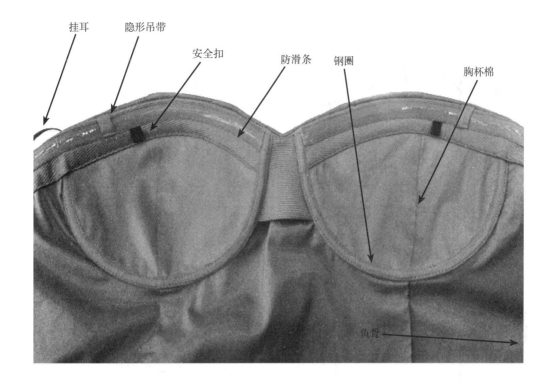

挂耳　隐形吊带　安全扣　防滑条　钢圈　胸杯棉　鱼骨

二、放射褶晚装（见下图）

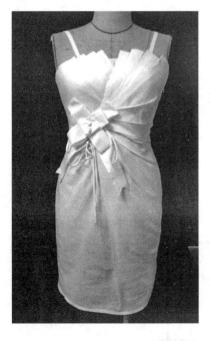

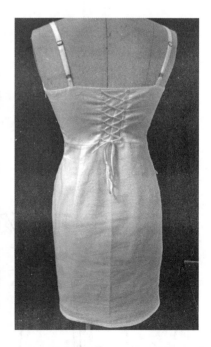

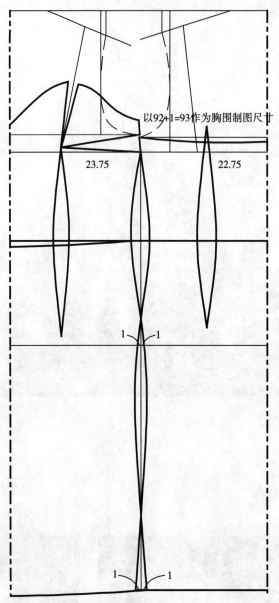

以92+1=93作为胸围制图尺寸

23.75　　22.75

加衬条的部位示意图

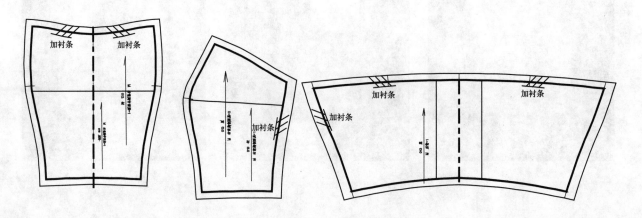

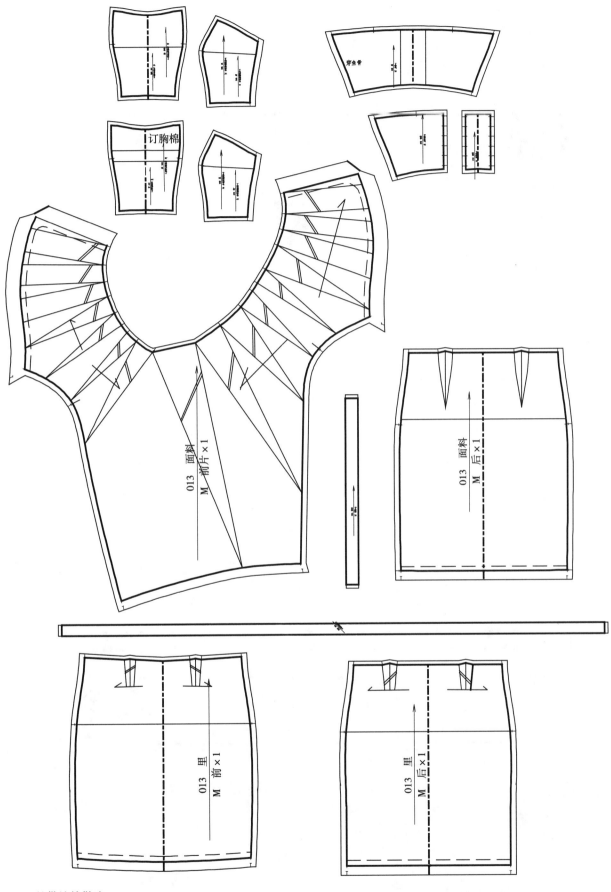

订胸棉

穿鱼骨

013 面料
M 前片×1

013 面料
M 后×1

013 里
M 前×1

013 里
M 后×1

丝带结的做法

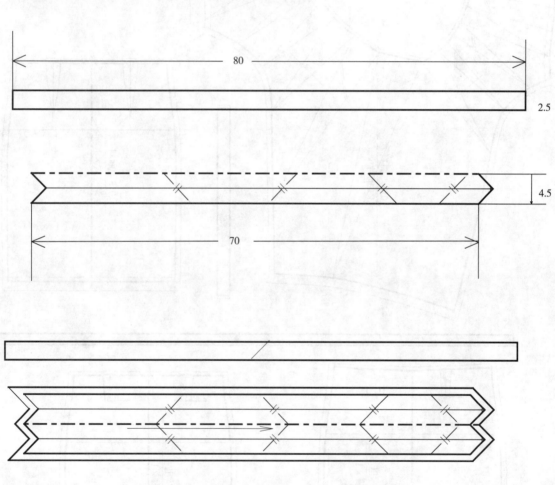

三、多角晚装（下图）

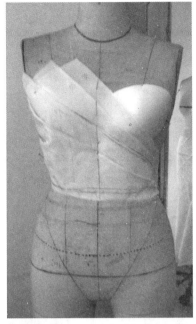

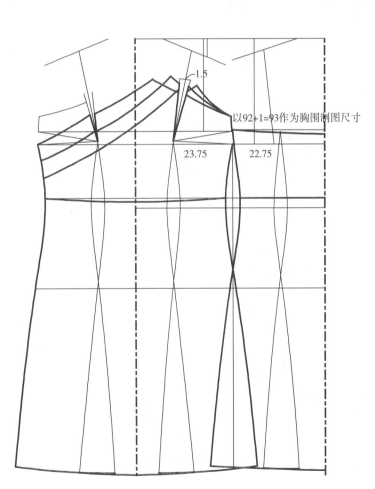

以92+1=93作为胸围制图尺寸

1.5

23.75

22.75

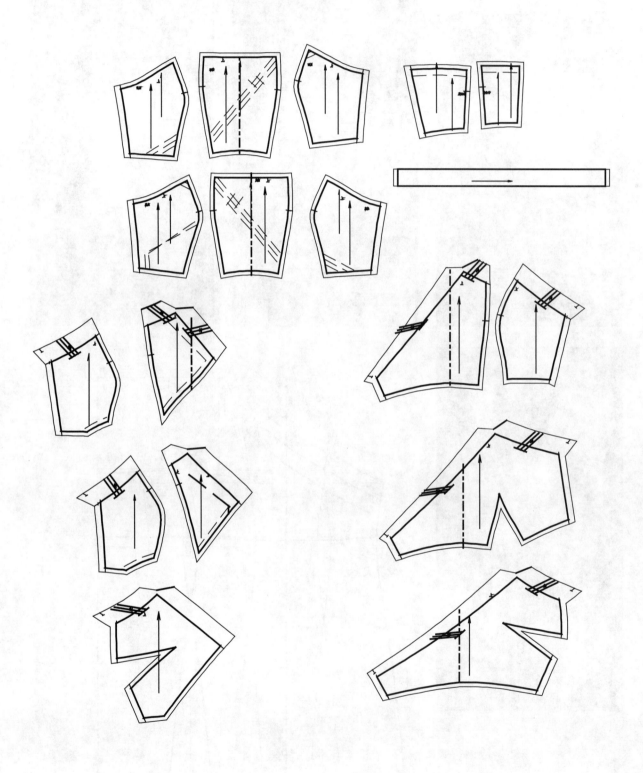

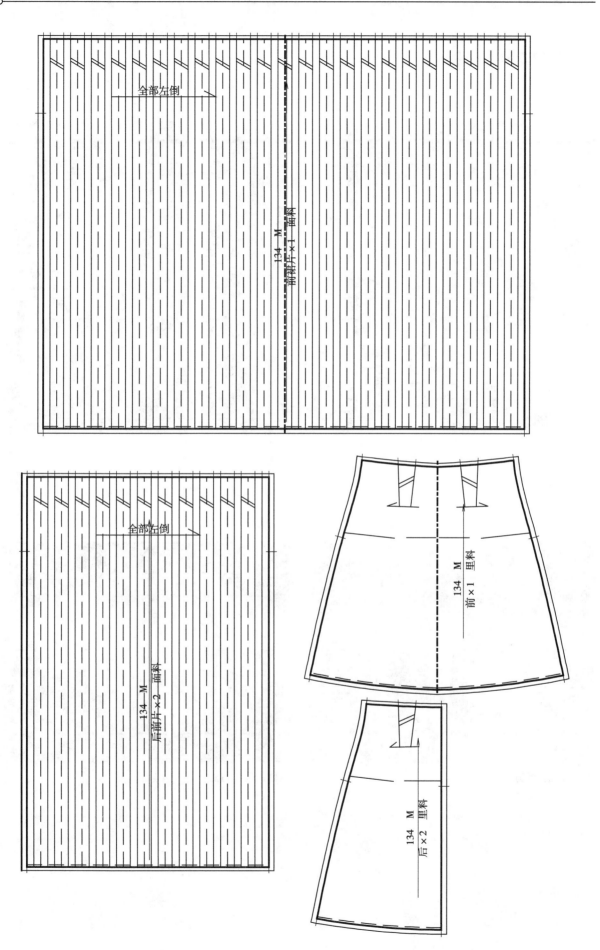

四、起纽晚装（下图）

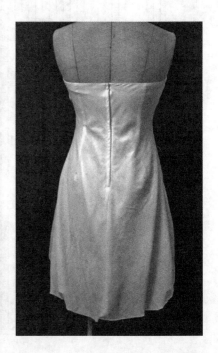

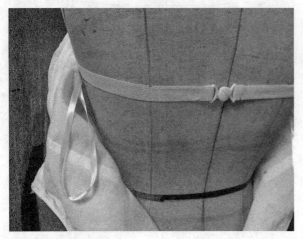

安全扣的安装方法

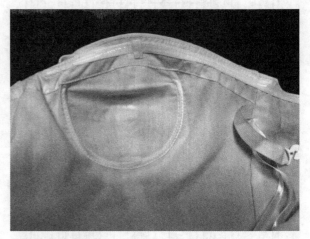

钢圈的安装方法

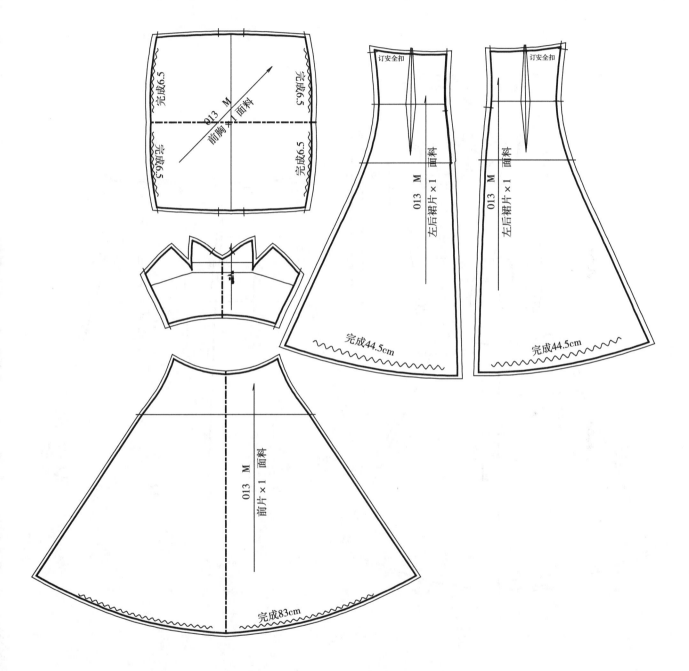

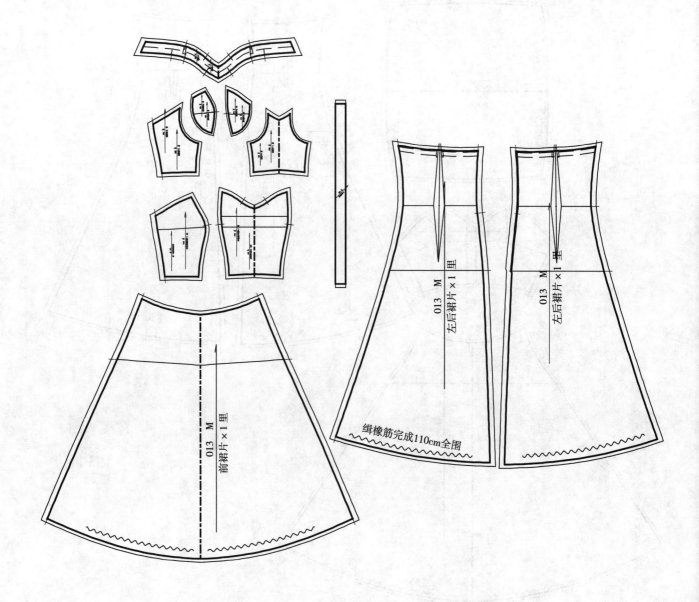

第十二节　不对称垂坠领收省袖连衣裙

款式特点:垂坠领,右边有一个活褶,前腰留孔穿腰带,短袖,有里布。

基码尺寸设置

单位: cm

部位	（度量方法）	M	档差
后中长		87	1.5
胸围		92	4
腰围		74	4
摆围	（参考尺寸）	98	4
肩宽		36.5	1
袖长	（短袖）	15.5	0.5
袖口		31.5	1.5
袖肥		32	1.5
袖窿		45	2

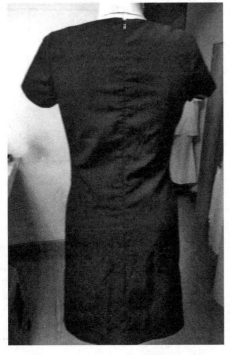

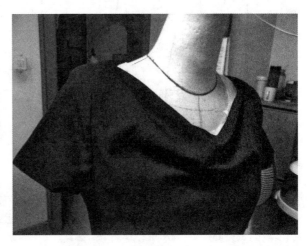

① 底稿

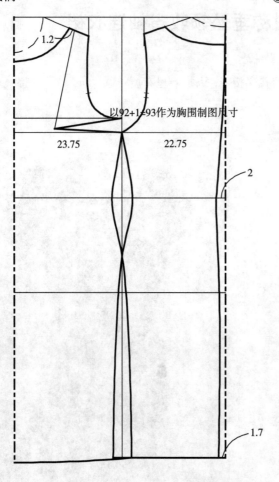

1.2

以92+1=93作为胸围制图尺寸

23.75   22.75

2

1.7

② 转移胸省到肩缝

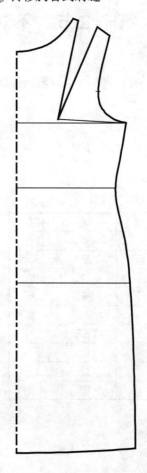

③ 旋转放大前领口

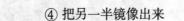

20

圆心2
圆心1

④ 把另一半镜像出来

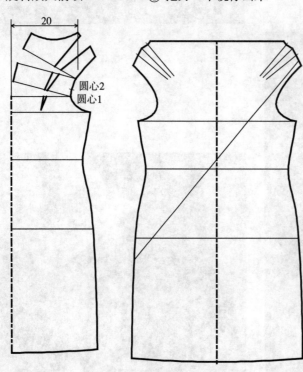

⑤ 展开左省活褶,画出孔位和前领折边

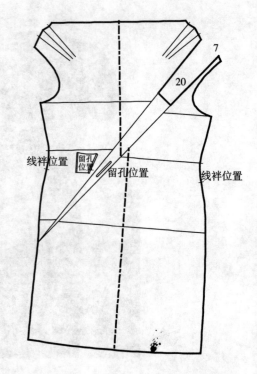

7

20

线袢位置   留孔位置   留孔位置   线袢位置

收省袖的画法

（1）画没有吃势的袖子。在袖山高 1/2 处画一条水平线

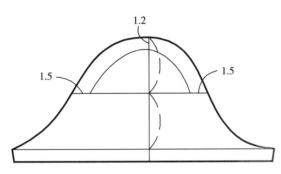

（2）把前后袖山的分割线分成五等分。

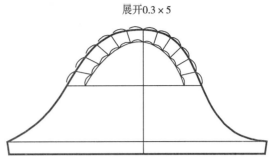

（3）展开 0.3×5。

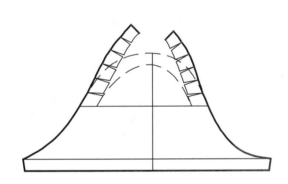

（4）画出收省的形状。

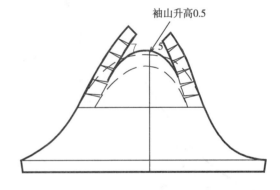

（5）袖山加衬。

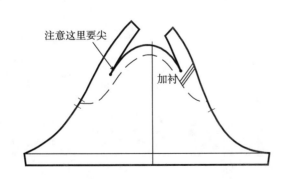

（6）加上明线和缝边。

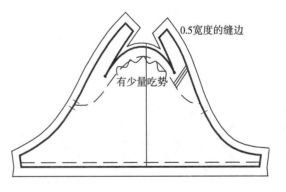

怎样改变袖山分割部分的宽度和省的长度?

袖山分割部分的宽度和省的长度都是可以变化的,改变它的数值和造型要从展开量、袖山升高量、省的长度、袖山顶端的角度和吃势量这几个方面去调节。

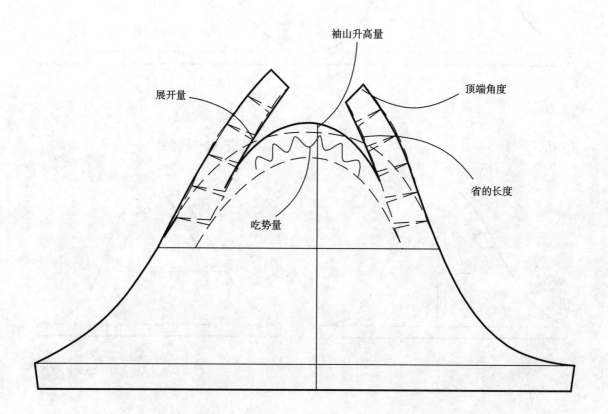

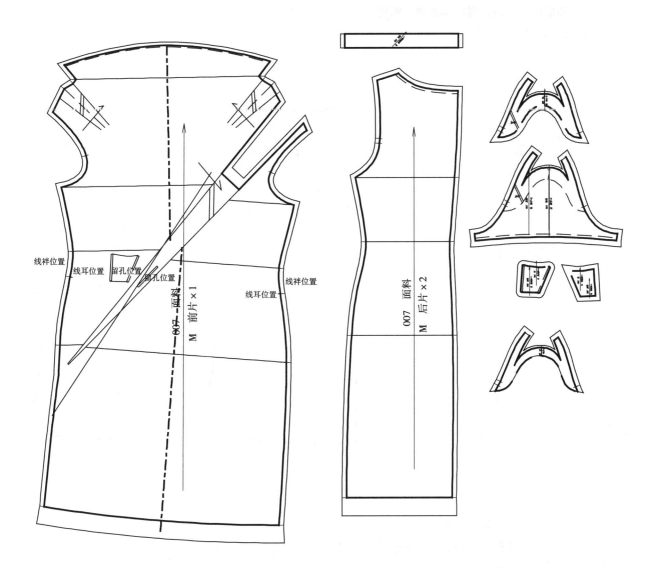

拉线襻的方法

　　线襻,也称线耳,是一种用比较粗的线或者用多根细线在衣片上连环相套而编成的小襻形状的工艺,常见的有腰襻、肩襻和活动里布和面布之间的连接,线襻可以用手缝针穿线编成,如果批量生产也可以用特种机器来制作。

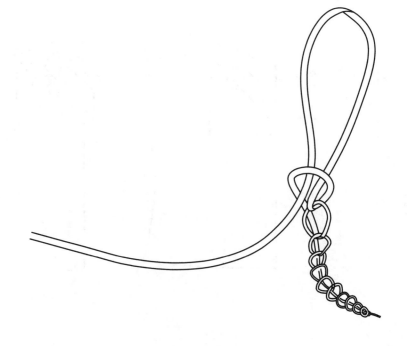

垂坠领旋转圆心的位置和垂坠程度的变化
第一种：以胸侧点旋转

第一步　合并胸省

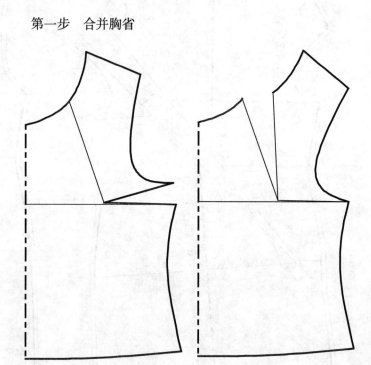

第二步　加入肩缝活褶
活褶可以确定起浪的数量和方向

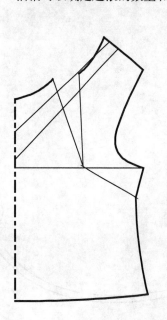

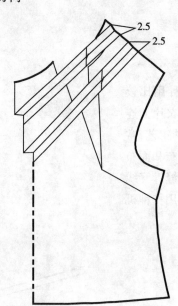

第三步　延长前中线,以胸围线侧点为圆心
旋转上半段至所需要的垂坠程度

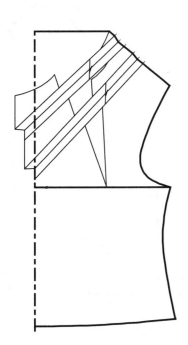

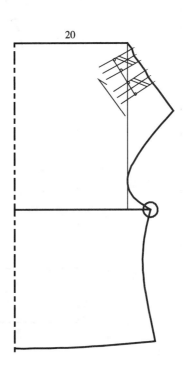

20

第四步　加出前领宽折边,使下摆向上弯,前片做斜纹

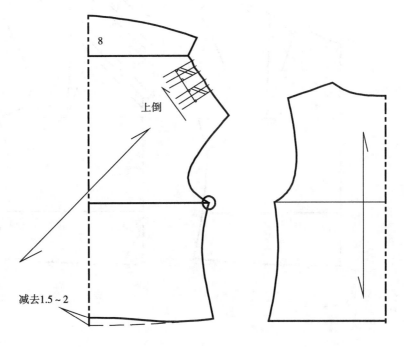

8

上倒

减去1.5~2

第二种：以腰侧点旋转

第一步　合并胸省

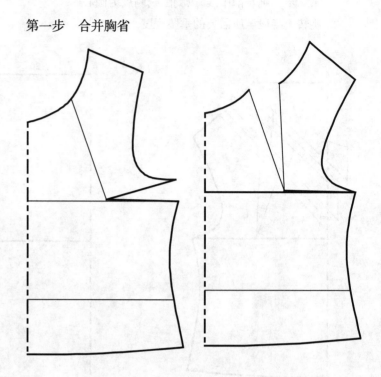

第二步　加入肩缝活褶
活褶可以确定起浪的数量和方向

2.5
2.5

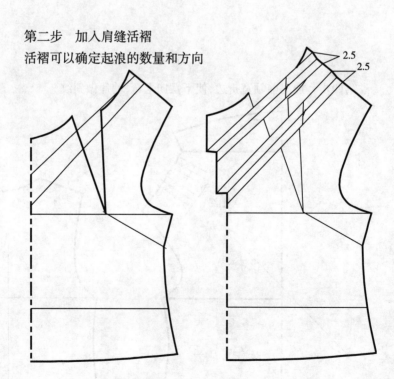

第三步　延长前中线,以胸围线侧点为圆心
旋转上半段至所需要的垂坠程度

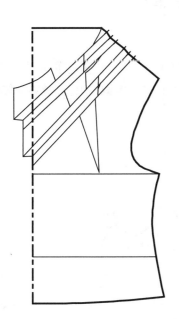
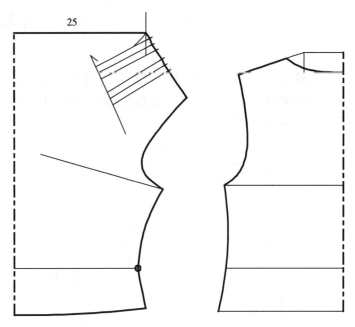

第四步　加出前领宽折边,使下摆向上弯,前片做斜纹

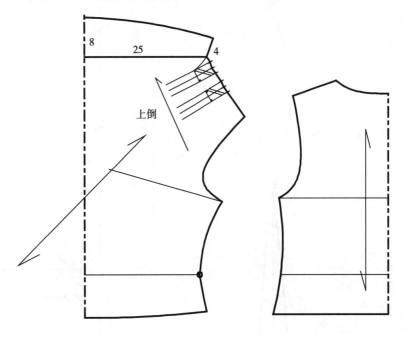

第十三节　针织布外加蕾丝连衣裙

款式特点: 此款衣身是有弹性的针织面料,在前、后领圈和右袖口部位外贴不规则的蕾丝布,前中、右胸和右后袖窿部位各有一个圆形的装饰花,在制作时可以把不规则的蕾丝布钉在针织裁片上,再沿着定位的线迹把底层的针织布剪掉,只留下单层的蕾丝布即可。

制图尺寸　　　单位:cm

部位			M	档差
后中长			84	1.5
胸围			86	4
腰围			74	4
摆围			99	4
肩宽			35.5	1
袖长			15	0.5
袖口			27	1.5
袖肥			29	1.5
袖窿			42	2

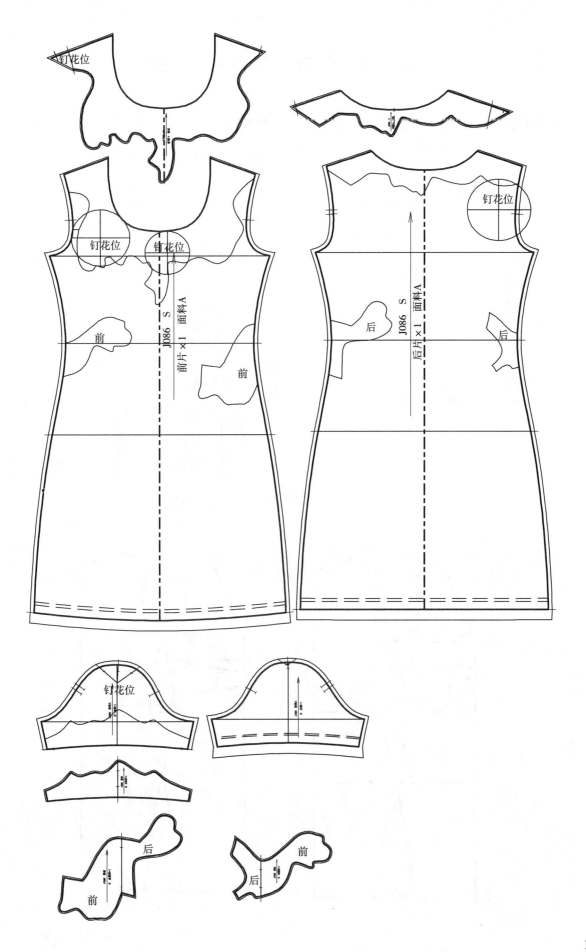

第十四节　针织布纽结连衣裙

款式特点：针织布，腹部纽结手工定位，袖口毛边，后领圈捆条。

制图尺寸

<table>
<tr><td colspan="3">制图尺寸</td><td>单位：cm</td></tr>
<tr><td>部位</td><td></td><td></td><td>M</td></tr>
<tr><td>后中</td><td></td><td></td><td>83.5</td></tr>
<tr><td>胸围</td><td></td><td></td><td>84</td></tr>
<tr><td>腰围</td><td></td><td></td><td>72</td></tr>
<tr><td>肩宽</td><td></td><td></td><td>35</td></tr>
<tr><td>袖长</td><td></td><td></td><td>14.5</td></tr>
<tr><td>袖口</td><td></td><td></td><td></td></tr>
<tr><td>袖肥</td><td></td><td></td><td></td></tr>
<tr><td>袖窿</td><td></td><td></td><td>41</td></tr>
</table>

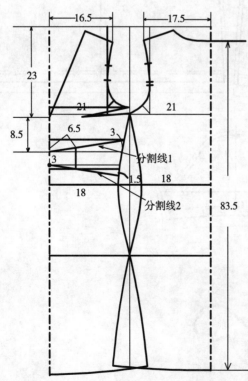

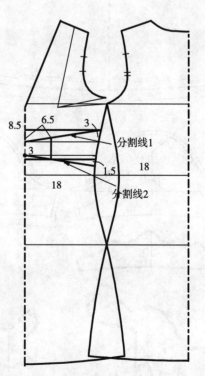

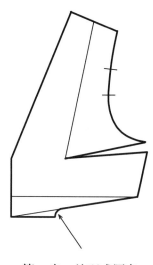

第一步　处理成圆角

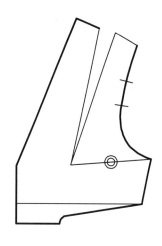

第二步　胸省转肩省

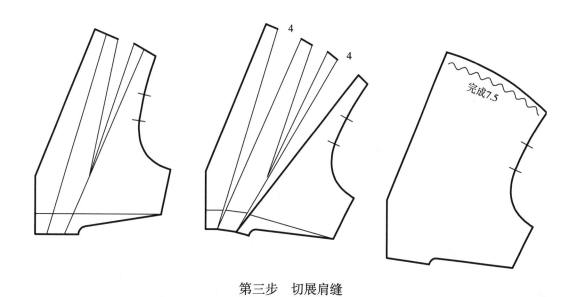

第三步　切展肩缝

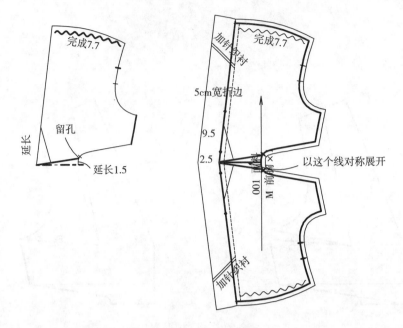

第四步　对称展开

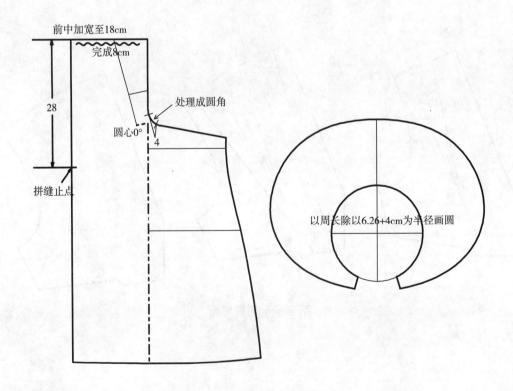

第五步　前片下半段和袖子

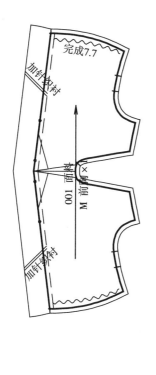

完成7.7

加针软衬

加针软衬

001 面料
M 前侧×1

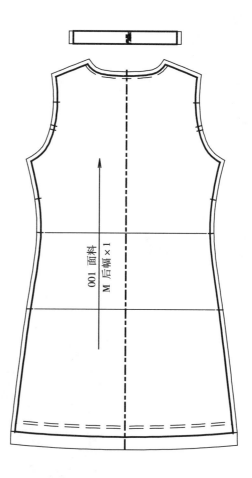

001 面幅×1
M 后幅×1

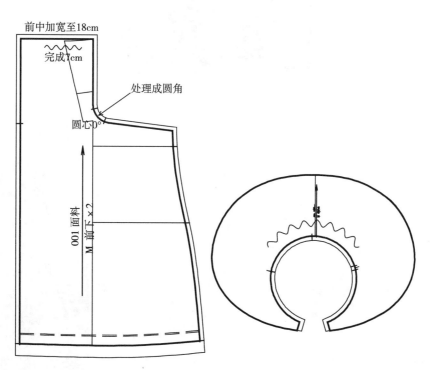

前中加宽至18cm

完成7cm

处理成圆角

圆心0°

001 面料
M 前下×2

第十五节 斜褶连衣裙

款式特点：前胸三个斜褶,袖子由 19 个斜褶组成(见下图)。

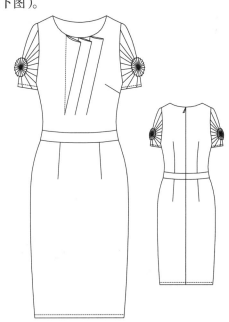

制图尺寸

单位：cm

部位			M	档差
后中长			77.5	1.5
胸围			92	4
腰围			74	4
摆围			96.5	4
肩宽			35.5	1
袖长			15.5	0.5
袖口			30.5	1.5
袖肥			32	1.5
袖窿			45	2

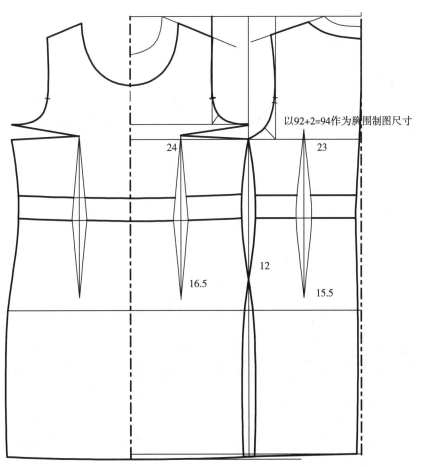

以92+2=94作为胸围制图尺寸

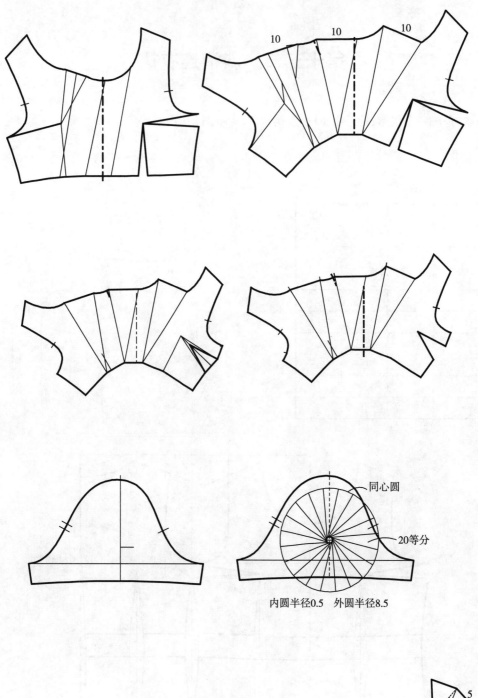

同心圆

20等分

内圆半径0.5　外圆半径8.5

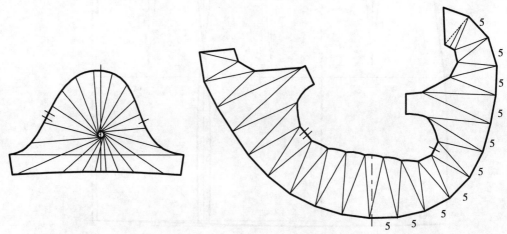

5
5
5
5
5
5
5
5
5　5　5
5

　　由于褶展开后,前胸和袖子裁片的丝缕方向发生很大的变化,所以需要用坯布试制并调整一下,调整好它的尺寸和合体程度,再修改纸样(下图)。

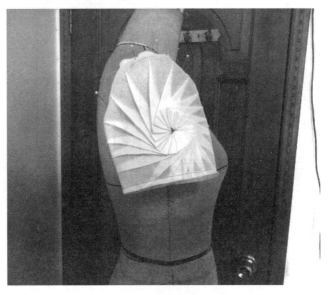

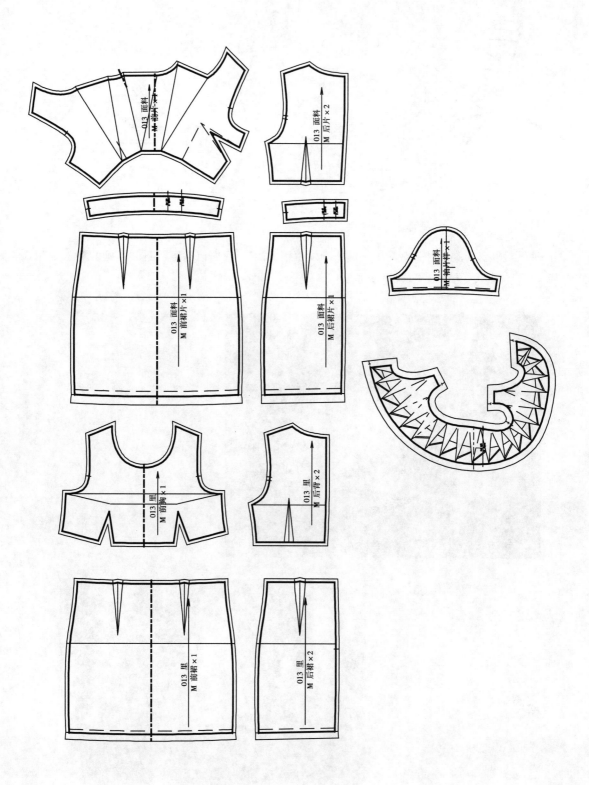

第十六节 斜纹连衣裙

斜纹裁剪方法是把衣片的纱向设置成45°倾斜方向,利用斜纹所产生的悬垂性,可塑性来达到柔和自然的整体效果。

制图尺寸

单位：cm

部位	（度量方法）	M	档差
后中长		90	1.5
胸围		93	4
腰围		88	4
摆围	（参考尺寸）		4
肩宽		37.5	1
袖长		59	1
袖肥	（参考尺寸）		1.5
袖窿		45.5	2
袖口		22	

款式特点: 衣身斜纹,袖子竖纹,前片分面层和中层,灯笼袖,前领口盘花,前下摆呈拱桥状。

斜纹款式的技术要领:

（1）选料,通常最适合做斜纹款式的面料是丝绸。包括电力纺、双绉、雪纺等。另外棉布、麻布、针织面料也可以用来制作斜纹款式,其他如有特殊条纹和图案的纯毛面料和化纤面料也可以选用。

（2）斜纹裁片可以和直纹、横纹面料相组合使用,从而达到更新颖、更别致的效果。

（3）在用斜纹制作水平下摆或者垂坠领时,容易出现左右不对称的现象,这时要有意地将裁片修剪成不对称的形状,通过反复的调节和试制,使之达到左右平衡的效果。

（4）由于斜纹具有多变性和不确定性,在打板时往往要依靠纸样师的经验和立体裁剪的方法相结合来完成。

当我们用斜纹来完成一件服装以后,在自然状态下会发现围度会变小,而长度由于斜纹悬垂性变大的原因会变长,因此,在打板之前设置尺寸的时候可以有意增加围度,减少长度。

（5）斜纹服装尽量少设省位,也可以只在后片设置后腰省,其他部位利用面料的伸拉性和悬垂性来达到合体效果。

（6）斜纹的纱向要根据经验灵活运用,如下图的这一块前胸裁片的布纹方向要和受力方向一致。

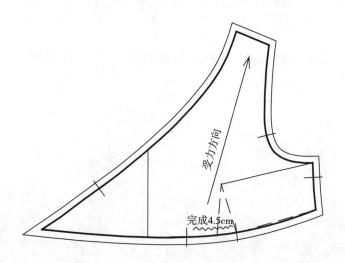

（7）布纹线做成斜纹的款式,前后片的布纹线尽量避免同方向,即布纹线呈螺旋形的设置会出现衣服完成后朝一边旋转的弊病,并且衣服越长,弊病越明显,正确的方法是制成后布纹线呈"八"字形。

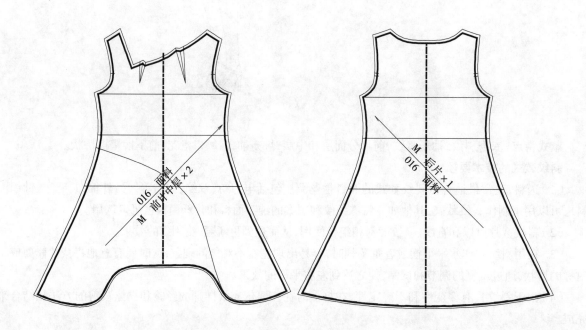

（8）斜纹服装的缝制要求比较特殊,需要严格按照操作规范,裁片裁剪下来后,要用蒸汽熨斗熨平,用纸样重新修片,在需要的部位烫斜纹衬条,烫衬条有两种方式,做拷边的工艺,衬条要烫在布料的正面;做来去缝的工艺,衬条要烫在布料反面。

① 底稿

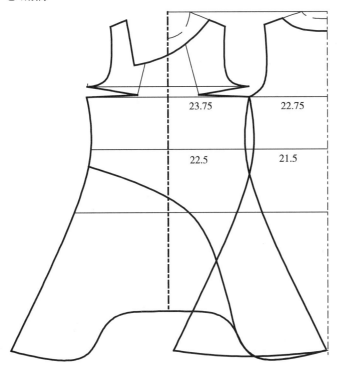

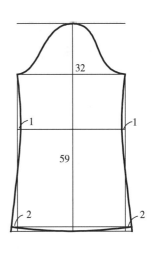

② 面布外层转省

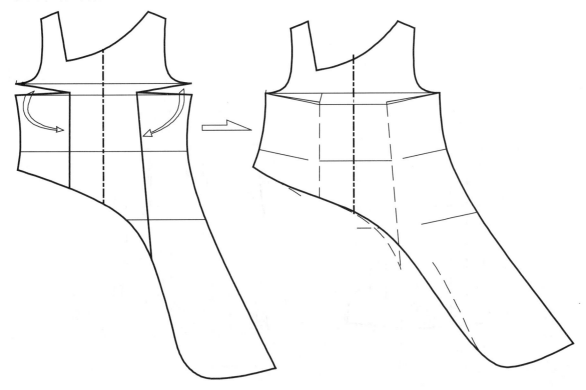

③ 面布中层转省

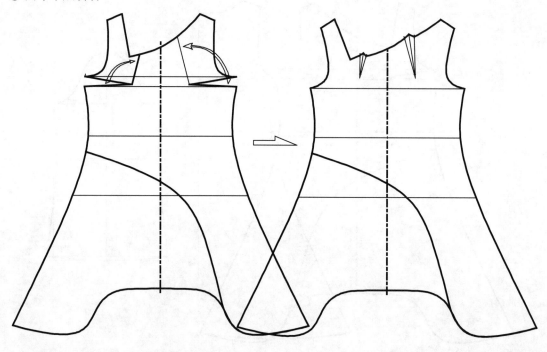

④ 袖子的演变

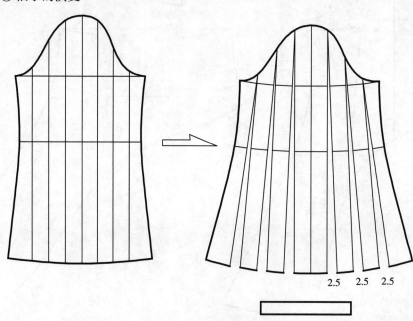

2.5　2.5　2.5

⑤ 螺旋形裁片的画法

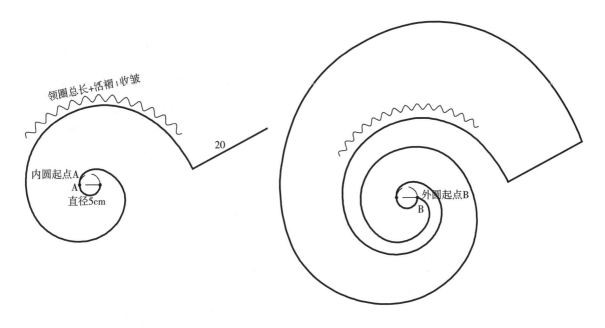

⑥ 前片的裁片

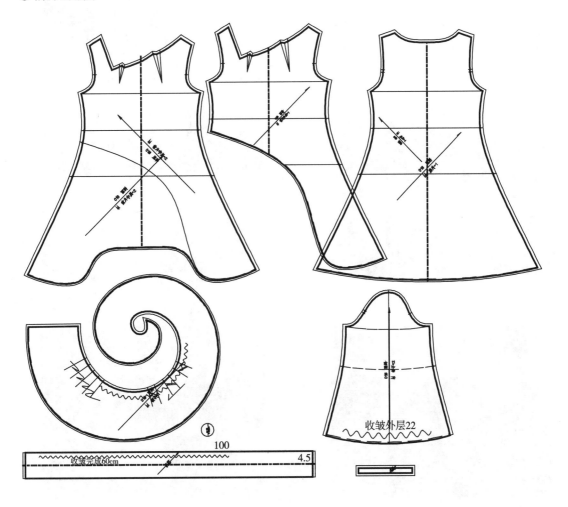

服装盘花的做法：

① 斜纹裁片长 100，宽 8.5cm，底座直径 5 cm

② 裁片对折缝合

③ 裁片收皱，完成 60cm

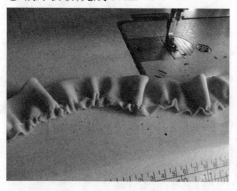

④ 裁片拷边

⑤ 底座拷边

⑥ 把裁片逆时针方向订在底座上缝边倒向中心

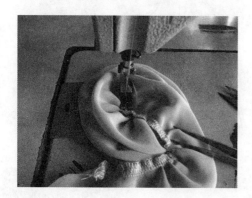

⑦ 完成后的照片

⑧一共做三朵花

第十七节　斜裁交叉褶连衣裙

款式特点：前胸由外层和内层组成,裙摆向左向下倾斜,八分袖。

斜纹裁剪法和斜裁裁剪法是两种不同的概念,其中斜纹法是指裁片的布纹线设置成45°的倾斜状态,而斜裁法是用特别的绘图方法和转省规则把裁片画成45°倾斜的形状。使之产生独特的悬垂感和光泽变化,塑造出比较理想外观形态。

制图尺寸

单位：cm

部位		M	档差
后中		113	1.5
胸围		90	4
腰围		73	4
肩宽		36	1
袖长		54	1
袖口		23	1
袖肥		32	1.5
袖窿		44	2

36/2-1=17   36/2+0.5=18.5

6.5   15：6   15：5   7.5

0.45×36=16.2   0.45×38=17.1

23   22

以90+1=91作为胸围制图尺寸

2.7   3.3

73/4-0.5=17.75

腰下围78.6/8=9.82

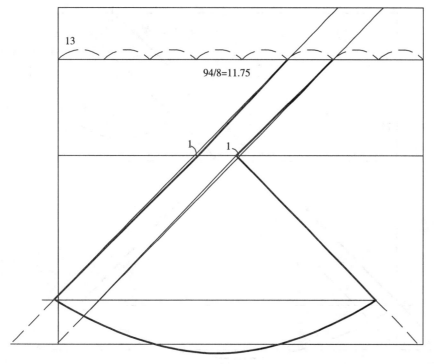

13

94/8=11.75

1   1

腰下围/8和臀围/8的差数= 11.75−9.82=1.93

1.93/2=0.96

以圆心1画9.82的圆

13

94/8=11.75

24

1   1

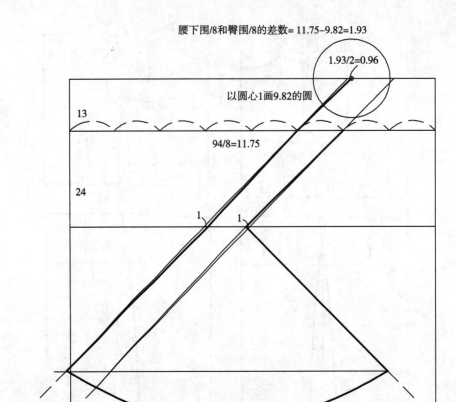

腰下围/8和臀围/8的差数=11.75−9.82=1.93

1.93/2=0.96

B

0

以圆心O画9.82的圆

以圆心A画线段AB的圆

13

94/8=11.75

A

24

1   1

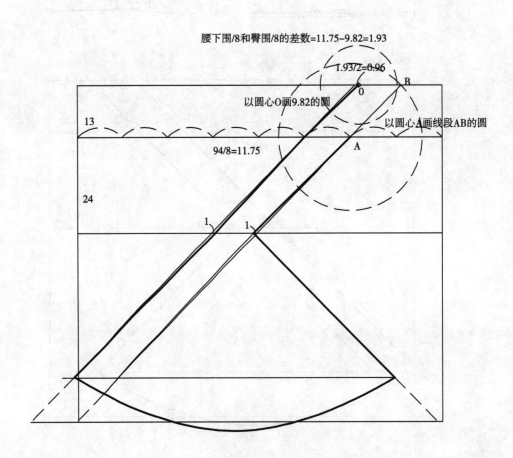

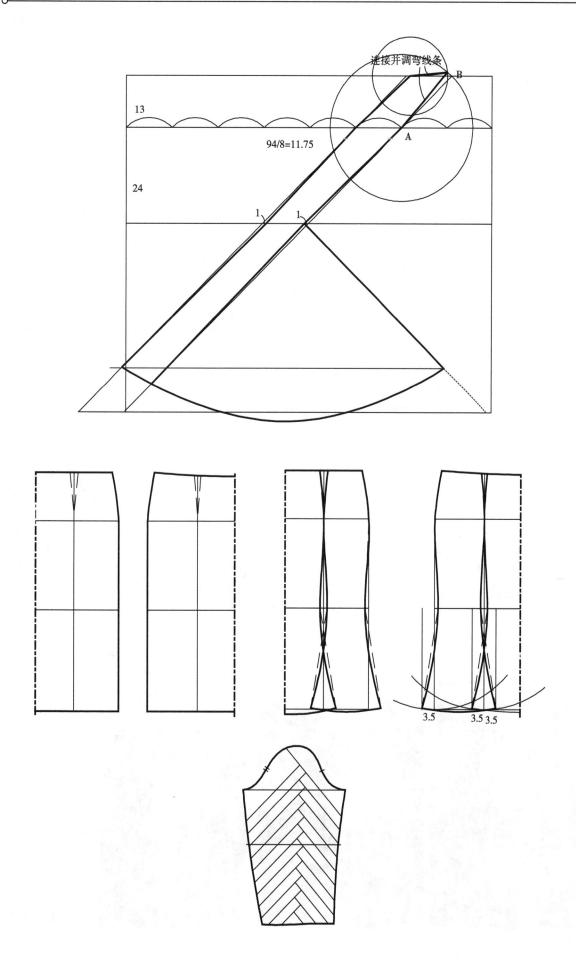

连接并调弯线条

13

94/8=11.75

24

1 1

A

B

3.5 3.5 3.5

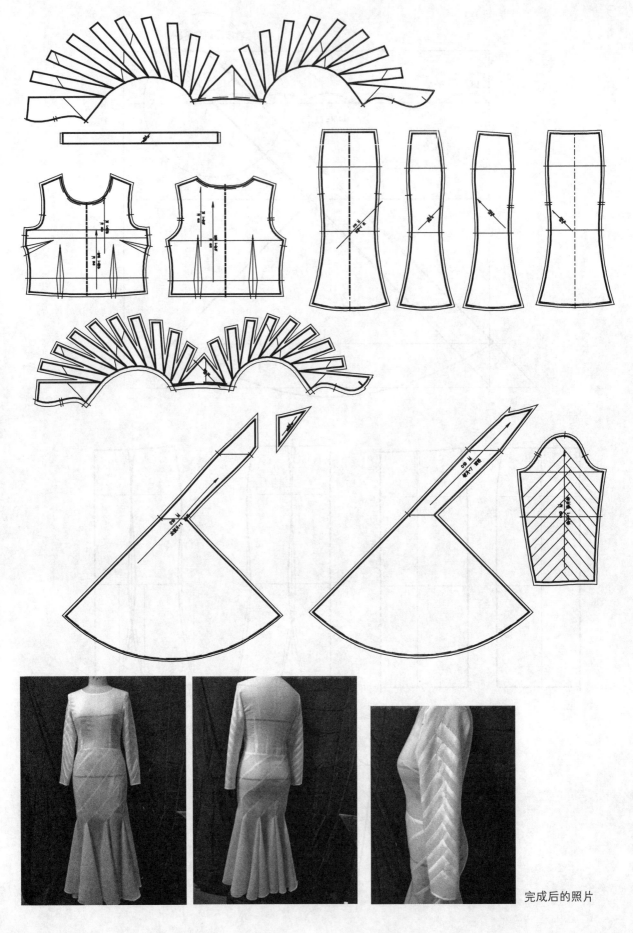

完成后的照片

第十八节 特种褶连衣裙

款式特点：前胸外贴织带，小盖袖，下摆为立体太阳褶。

制图尺寸

单位：cm

部位		M	档差
后中长		84	1.5
胸围		92	4
腰围		75	4
摆围	（参考尺寸）		4
肩宽		37.5	1
袖长		8	0.5
袖口		21	1
袖窿		44	2

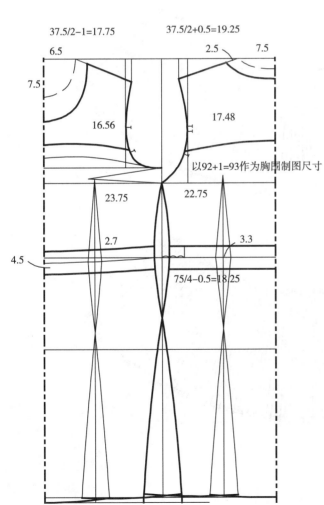

37.5/2−1=17.75 37.5/2+0.5=19.25

6.5 2.5 7.5

7.5

16.56 17.48

以92+1=93作为胸围制图尺寸

23.75 22.75

2.7 3.3

4.5

75/4−0.5=18.25

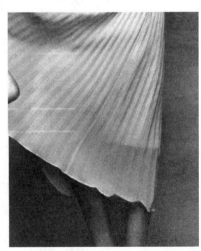

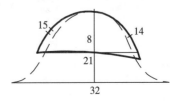

15 8 14

21

32

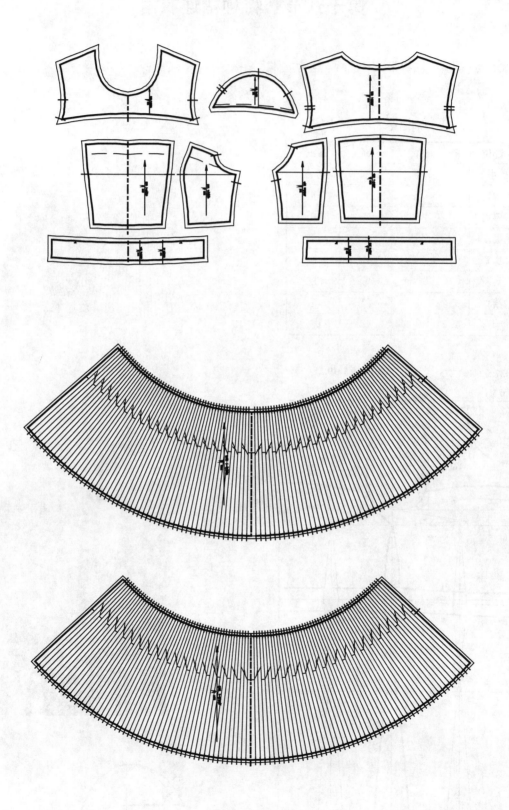

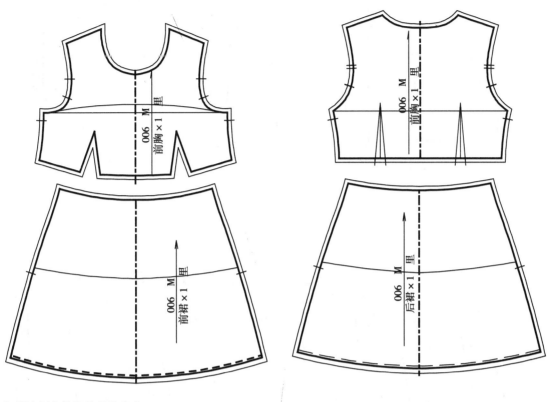

怎样控制立体褶裁片的宽度：

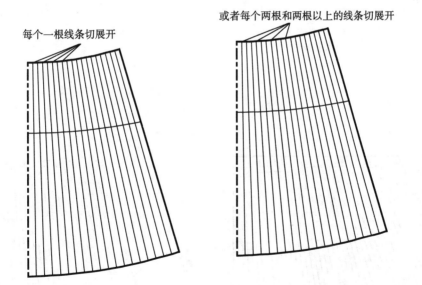

每个一根线条切展开

或者每个两根和两根以上的线条切展开

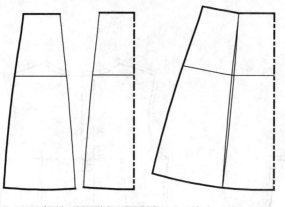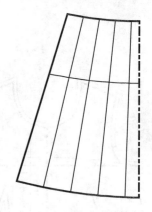

1. 提取后裙片裙片纸样,再对接在一起　　2. 画出切展线

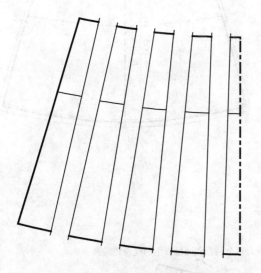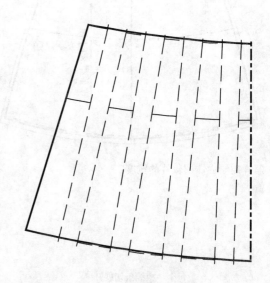

3. 切展后的形状　　　　　　　　　　4. 画顺线条

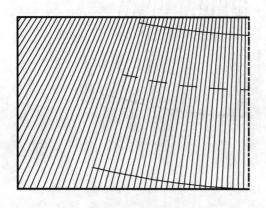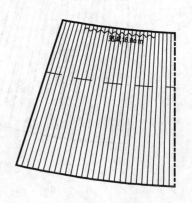

5. 放到压褶毛样上　　　　　　　　　6. 加入标注,完成裁片

鸳鸯褶　鸳鸯褶是一种指褶量不相等,方向相对,有规律的压褶方式。

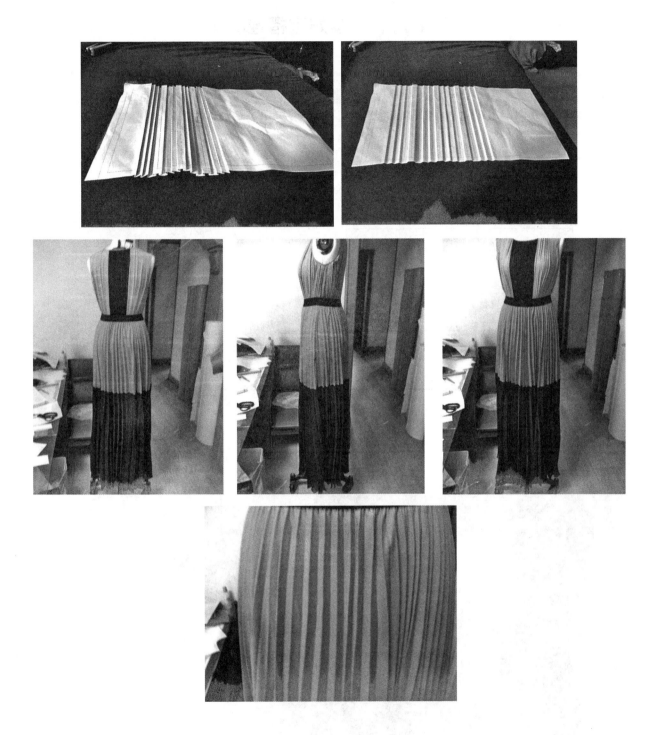

第十九节　孕妇宽褶连衣裙

款式特点:孕妇裙主要强调宽松度和舒适度,在设置尺寸时各部位都有所放大。

制图尺寸

单位:cm

部位		M	档差
后中长		81.5	1.5
胸围		97	4
腰围			4
摆围	(参考尺寸)		4
肩宽	(有袖)	38	1
袖长	(短袖)		0.5
袖口	(拉开)	45	1.5
	(橡筋)	28	
袖肥			1.5
袖隆	(有袖)	47.5	2

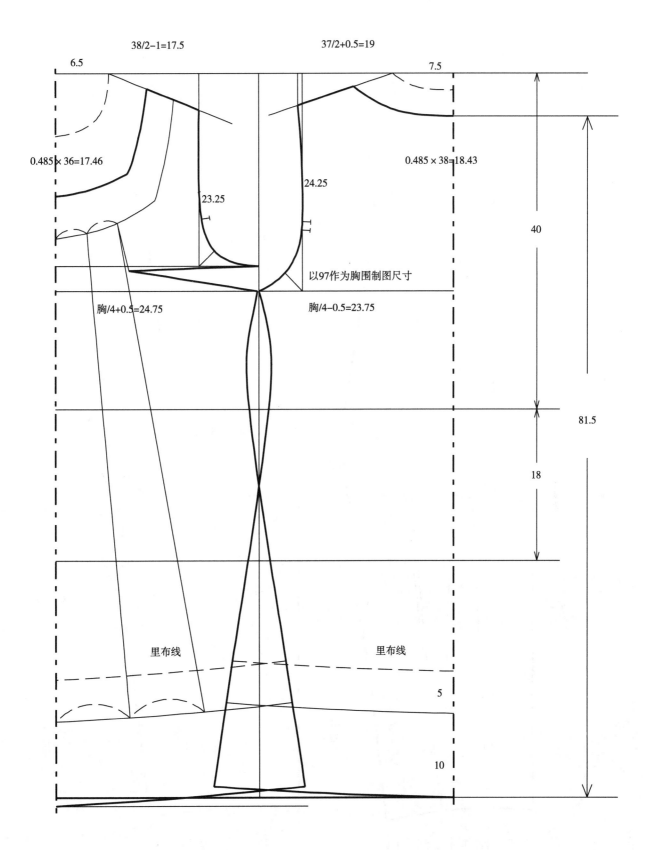

38/2−1=17.5

37/2+0.5=19

6.5

7.5

0.485×36=17.46

0.485×38=18.43

23.25

24.25

40

以97作为胸围制图尺寸

胸/4+0.5=24.75

胸/4−0.5=23.75

81.5

18

里布线

里布线

5

10

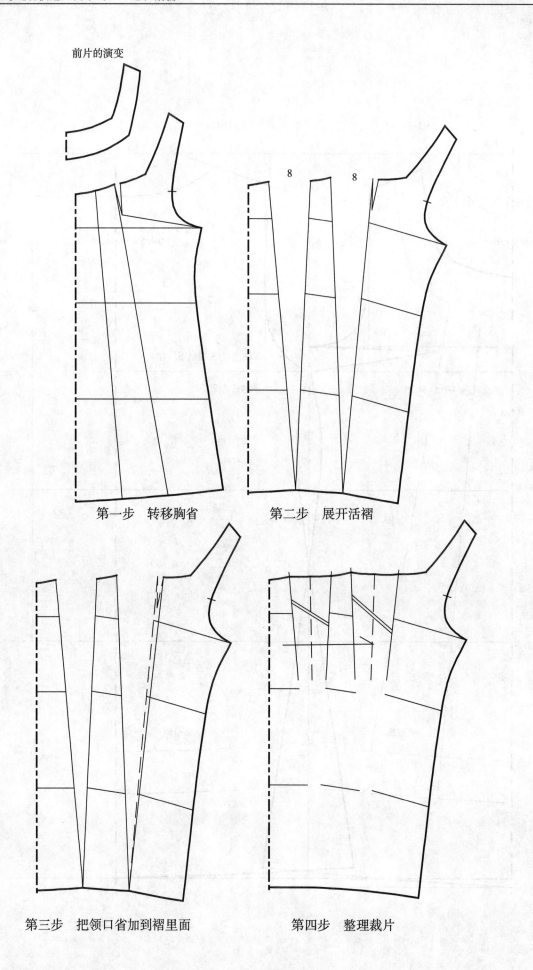

前片的演变

8   8

第一步　转移胸省　　　第二步　展开活褶

第三步　把领口省加到褶里面　　　第四步　整理裁片

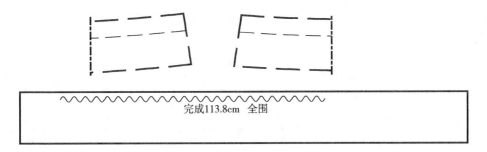

完成113.8cm 全围

下摆做成矩形框处理

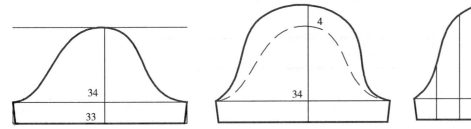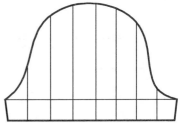

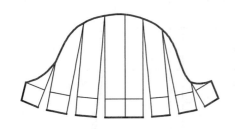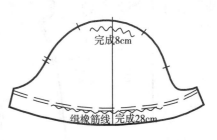

缉橡筋线 完成28cm

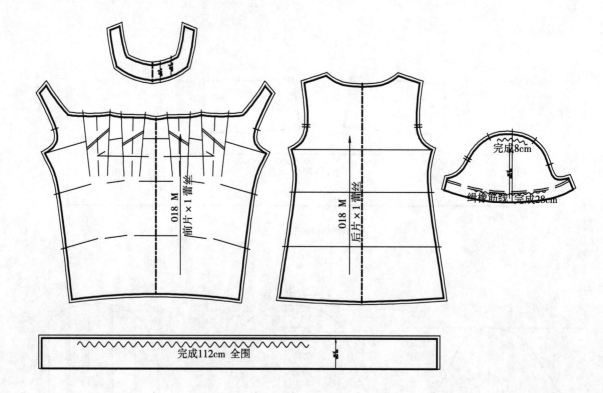

完成8cm

绢检筋线完成28cm

018 M 前片×1 青丝

018 M 后片×1 青丝

完成112cm 全围

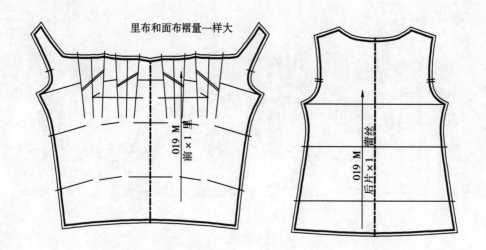

里布和面布褶量一样大

019 M 前×1 里

019 M 后片×1 青丝

第二十节 婚 纱

款式特点：前胸外贴打斜褶欧根沙,裙片由四层做成,可以采用平面和立裁相结合的方式来完成,下面是这一款婚纱的打板底稿和全部裁片。

制图尺寸

单位：cm

部位	度量方法	M	档差
后中长		140	1.5
腰围	（参考尺寸）	92	4
腰围			4
下摆		300	4

款式图

外贴欧根莎

腰节线稍下移

裙片从外到里分别是：
满天星网布，厚缎面布，定型硬网，
里布，裙撑

结构分析

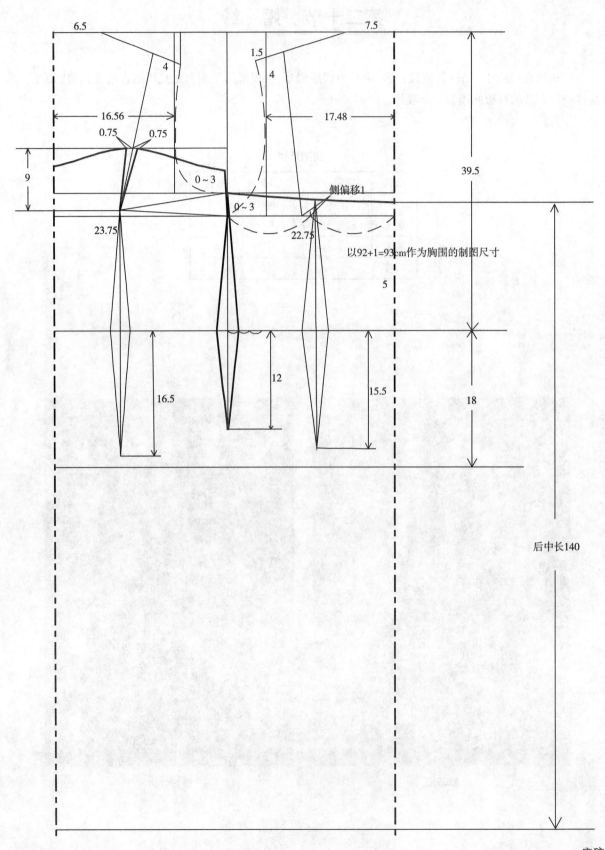

以92+1=93cm作为胸围的制图尺寸

底稿

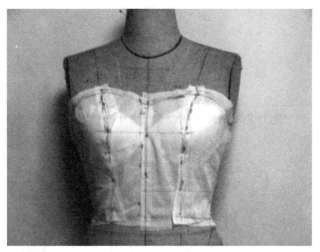

立裁调整

裙撑尺寸

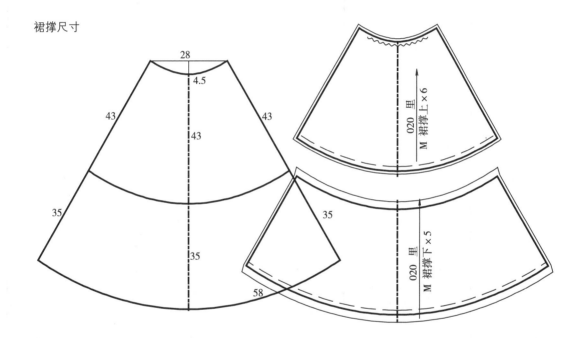

婚纱裙撑专用钢圈

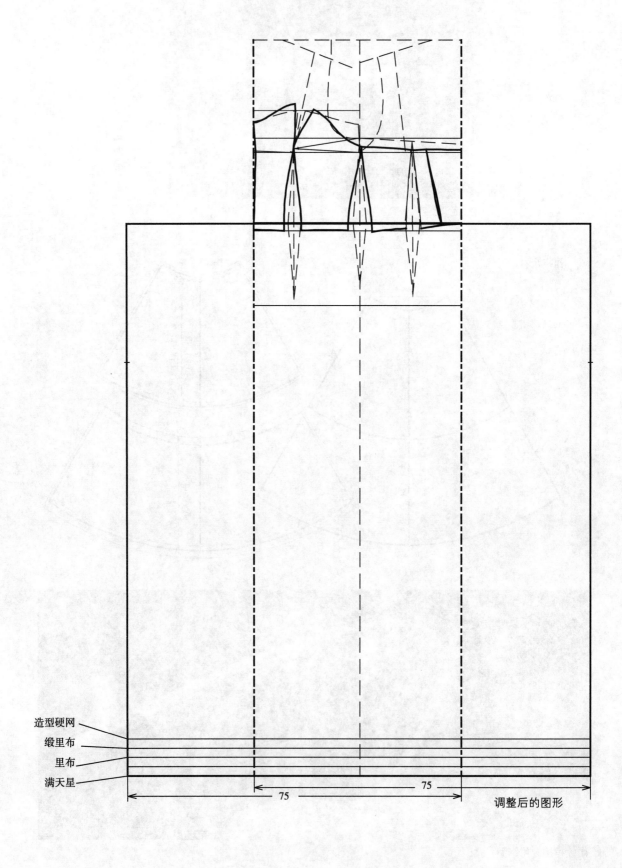

造型硬网

缎里布

里布

满天星

75

75

调整后的图形

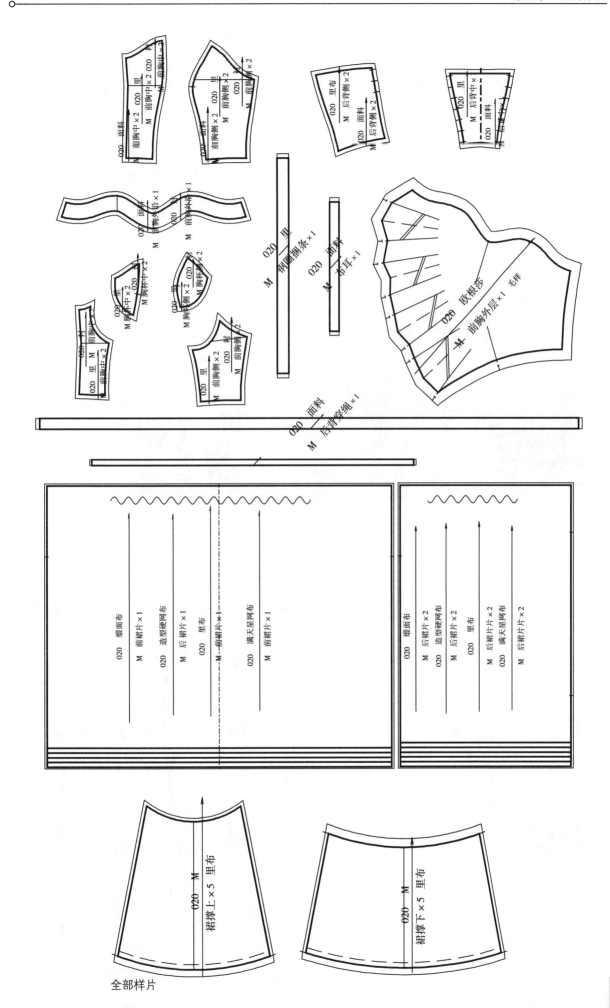

全部样片

第二十一节 连身立领花瓣小盖袖新娘敬酒服

什么是新娘敬酒服?

新娘敬酒服一般都要在婚宴上比较方便走动和敬酒的,不能像婚纱那样占地方,走动不方便。一般敬酒服都会选用象征喜庆的红色,,不过近些年来,很多新娘也不是全都穿红色的,紫色、粉色、湖蓝、蓝绿等颜色都是敬酒服的选择色,最好不要选全白与全黑。

款式特点:金色镶边,衣身外贴欧根莎,花瓣小盖袖,前后中剖缝。

制图尺寸

单位:cm

部位		M	档差
后中长		87.5	1.5
胸围		92	4
腰围		72	4
臀围		97	4
摆围	(参考尺寸)		4
肩宽	(左右各缩1)	35.5	1
袖长	(短袖)	15.5	0.5
袖口	(短袖)	30.5	1.5
袖肥		32	1.5
袖窿	(有袖)	45	2

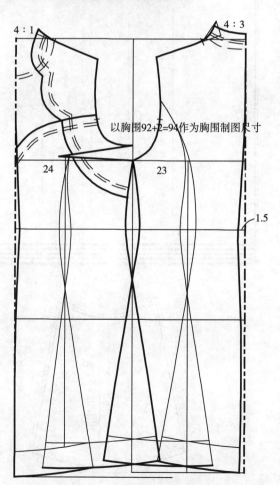

以胸围92+2=94作为胸围制图尺寸

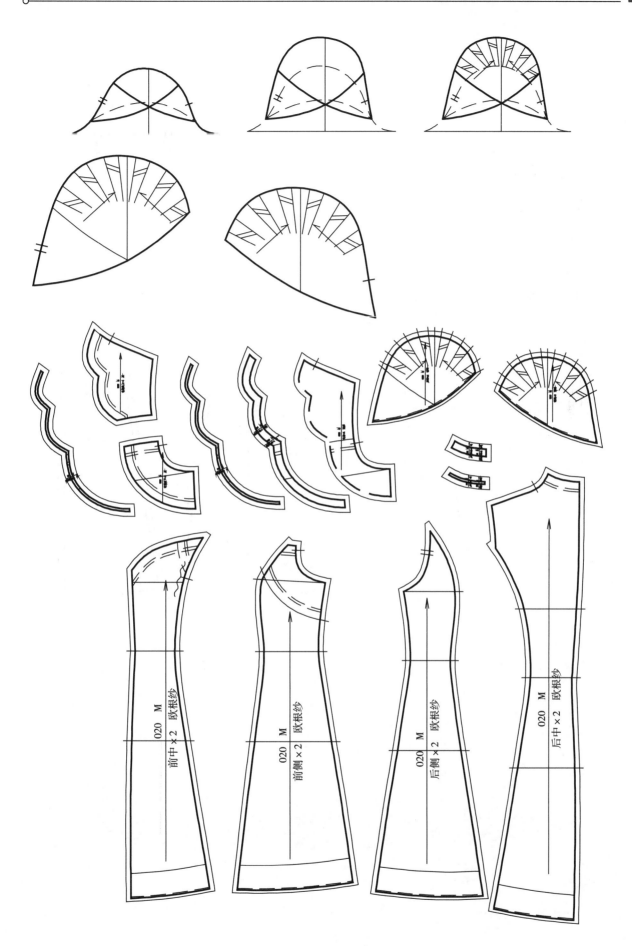

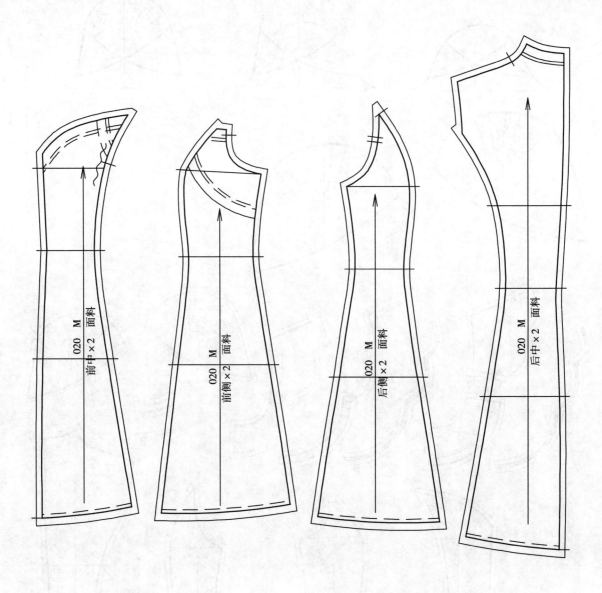

第二十二节 立领月牙袖平下摆短开衩旗袍

款式特点:盘扣,立领,月牙袖,平下摆,侧缝开衩。

制图尺寸

单位:cm

部位		M	档差
后中长		95	1.5
胸围		90	4
腰围		73	4
臀围		95	4
摆围	(参考尺寸)	91	4
肩宽		37.5	1
袖窿		44	2
袖长		8	0.5
袖口		20	0.75

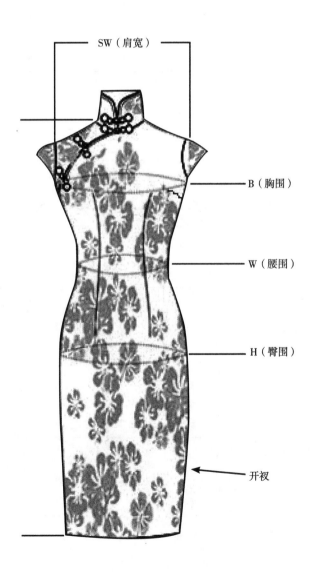

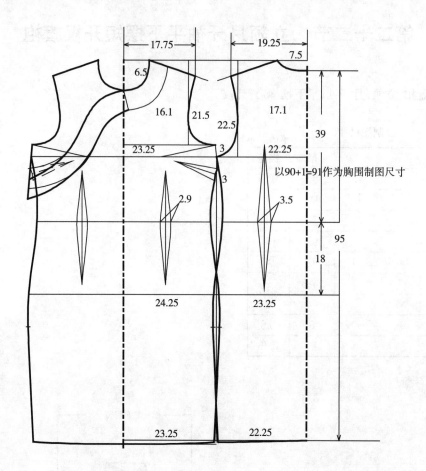

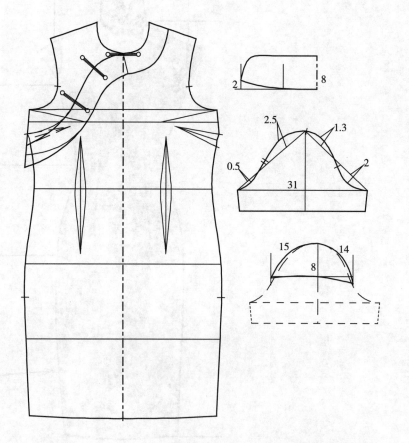

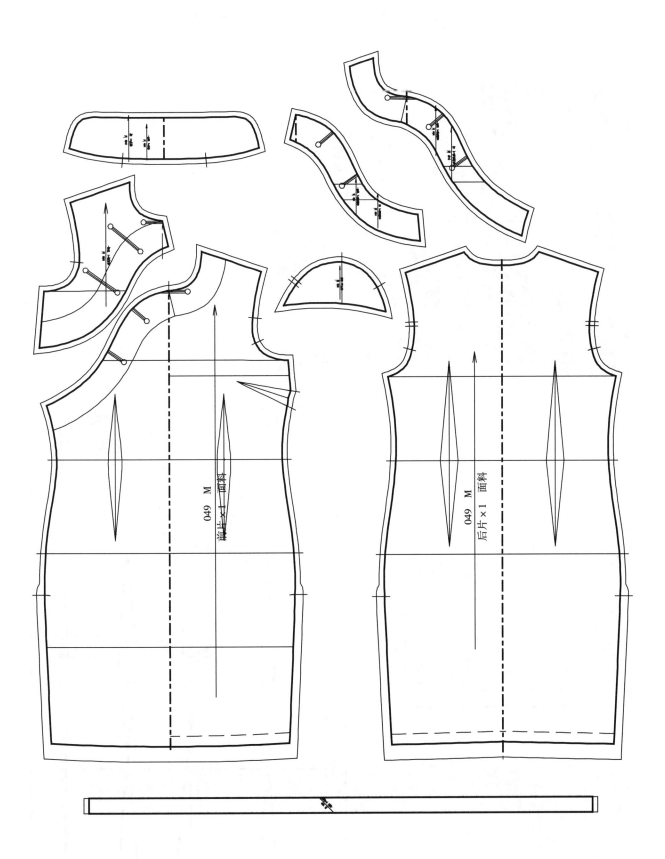

第二十三节　合体连身袖连衣裙

制图尺寸　　　单位：cm

部位		M	档差
后中长		84	15
胸围		93	4
腰围		79	4
臀围		101	4
摆围		132	4
袖长	（肩颈点度）	63.5	1.3
袖肥		33	1.5
袖口		36	1.5

底稿

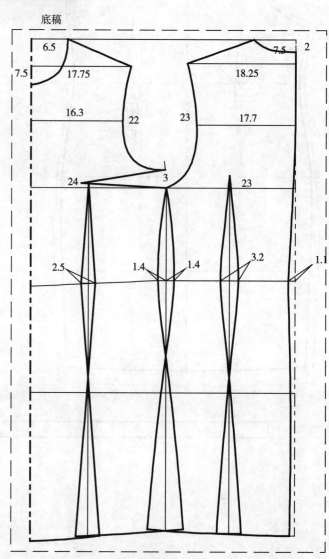

调整后的图形和底稿的对比

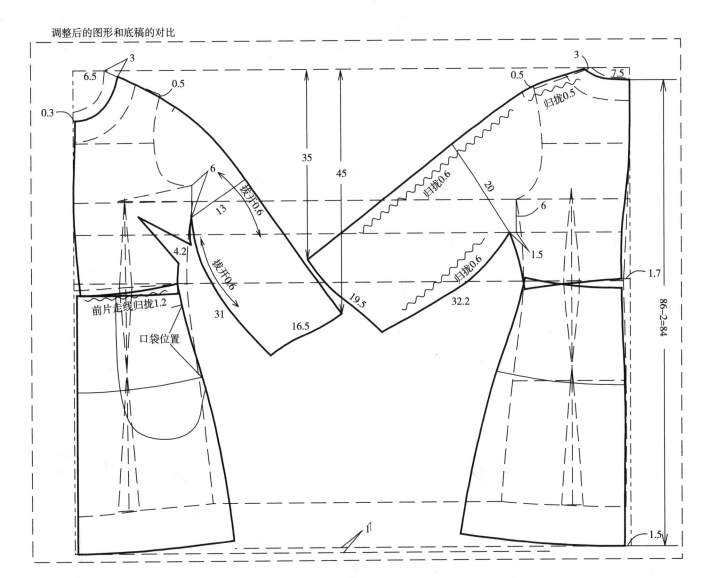

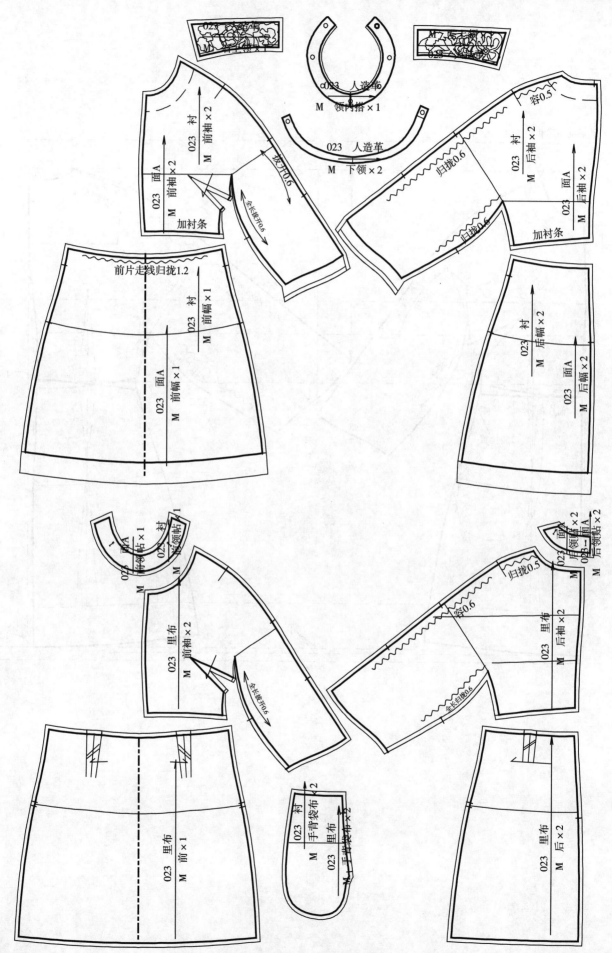

第二十四节　拼色综合转省连衣裙

款式特点: 三条深色布斜分割,无袖,后中装隐形拉链。

制图尺寸

单位:cm

部位		M	档差
后中长		77.5	1.5
胸围		92	4
腰围		75	4
臀围		97	4
摆围	(参考尺寸)		4
肩宽	(左右各缩1)	35.5	1
袖窿	(无袖)	44	2

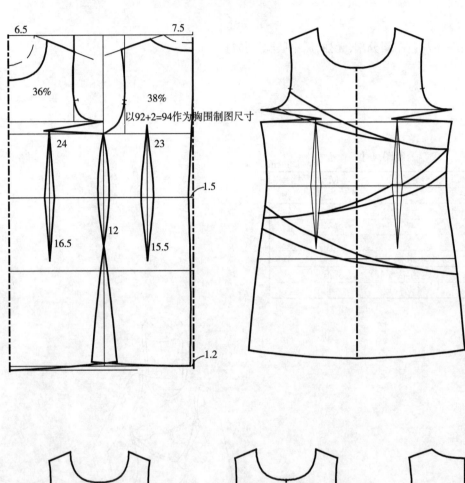

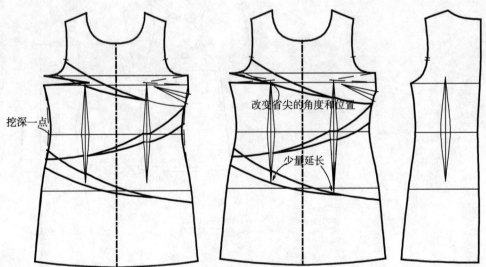

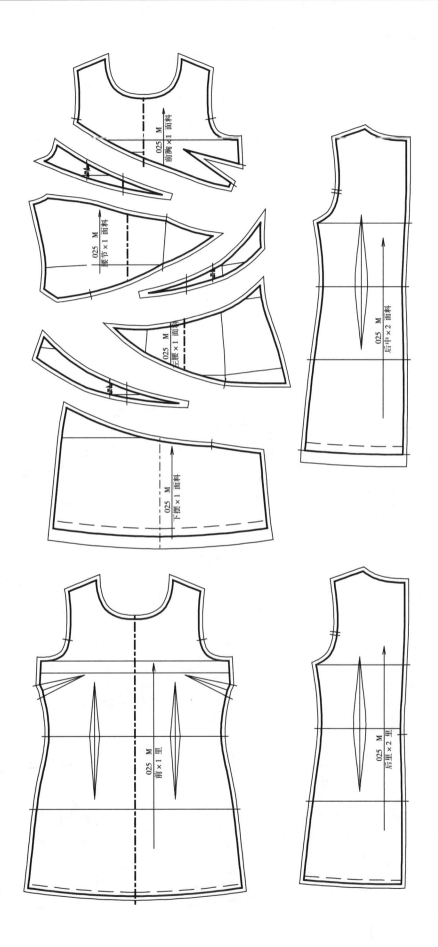

怎样给裁片起名字?

当前片被分割成很多个小裁片时,需要给这些小裁片起个名字,起名字的方法有三种(下图):

(1)文字描述,如:前胸上,前胸中,前胸下,前腰上,前腰中,前腰下,等等。

(2)数字编号,如:前片1,前片2,前片3,前片4,前片5,等等。

(3)英文代号,如:前片A,前片B,前片C,前片D,前片E,等等。

注意后两种最好加上相应的编号(代号)示意图,这样使用纸样的人就会很清楚了。

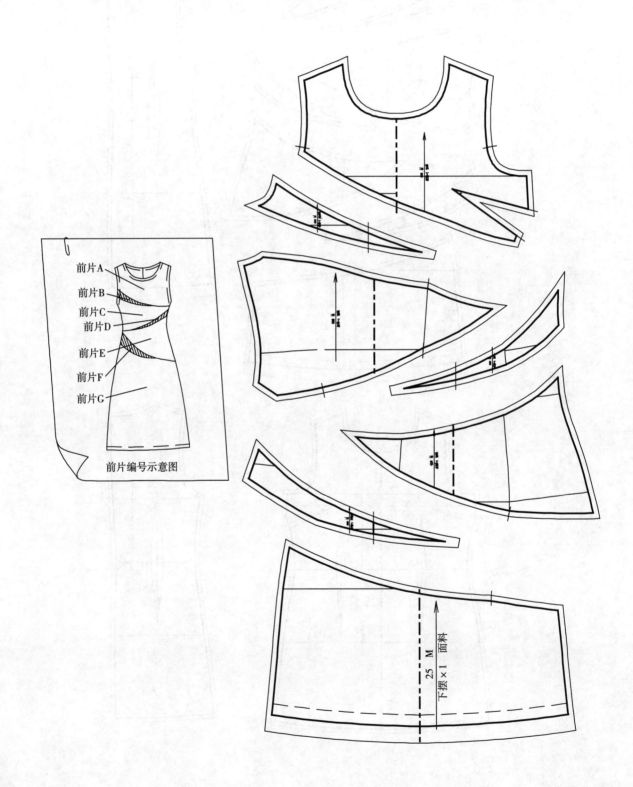

前片A
前片B
前片C
前片D
前片E
前片F
前片G

前片编号示意图

第二十五节　针织布荡领腹前交叉褶连衣裙

款式特点：针织面料，腹前交叉，侧缝收活褶，荡领，袖山用橡筋收缩。

制图尺寸

单位：cm

部位		M	档差
后中长		73.5	1.5
胸围		84	4
腰围		70	4
摆围		90	4
肩宽		35	1
袖长		57	1
袖肥		29	1.5
袖口		18	1
袖窿		41	2

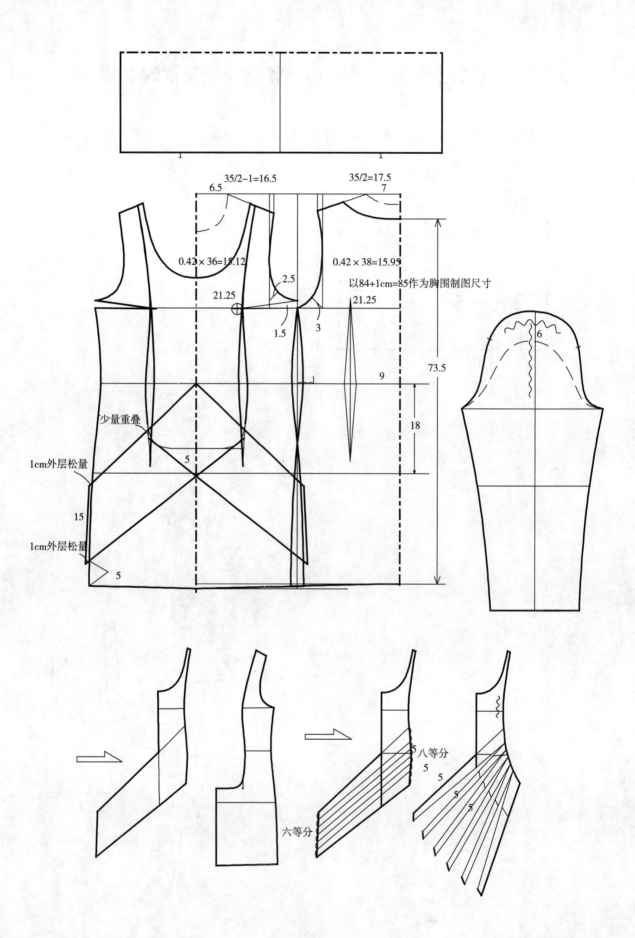

35/2-1=16.5

6.5

35/2=17.5

7

0.42×36=15.12

2.5

0.42×38=15.95

以84+1cm=85作为胸围制图尺寸

21.25

1.5

3

21.25

6

73.5

9

18

少量重叠

5

1cm外层松量

15

1cm外层松量

5

六等分

八等分

5

5

5

5

5

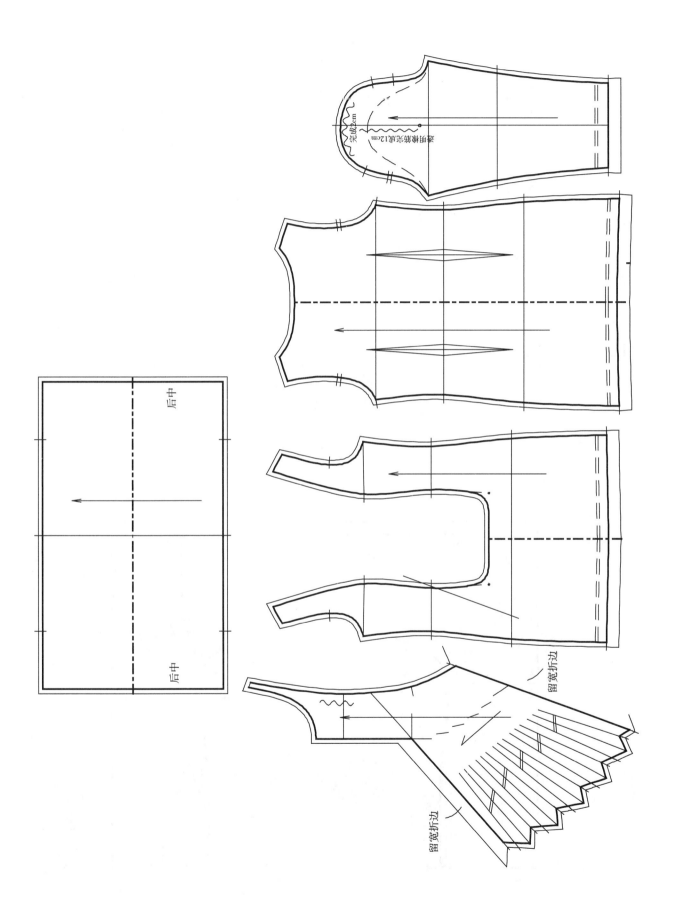

透明胶条长度12cm

完成2cm

后中

后中

留宽折边

留宽折边

留宽折边

第二十六节　罗马褶连衣裙

款式特点：由三层组成，分别是面布外层、面布中层、里布，腰围尺寸等于净胸围尺寸，不需要装隐形拉链。

制图尺寸

单位：cm

部位		M	档差
后中长	（外层）	78	1.5
胸围	（中层）	91	4
腰围	（中层）	84	4
摆围	（参考尺寸）	96	4
肩宽			1
袖窿	（里布）	44.5	2
袖长	（中层）	38	1
袖口			0.75

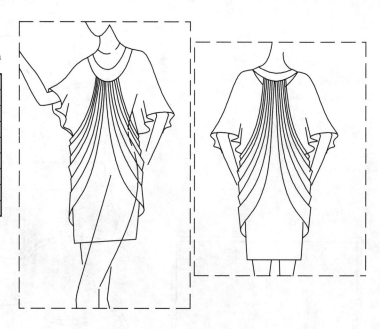

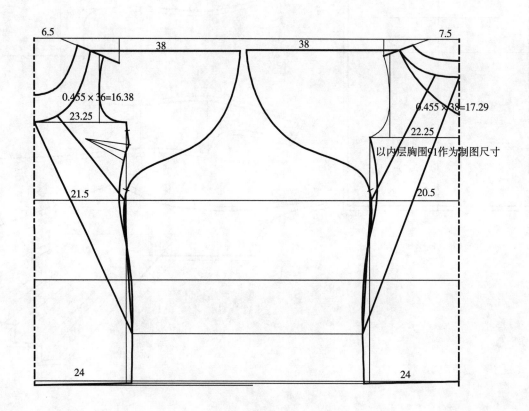

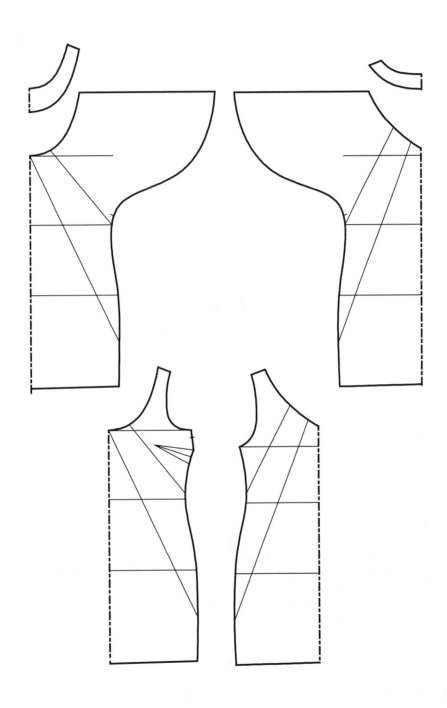

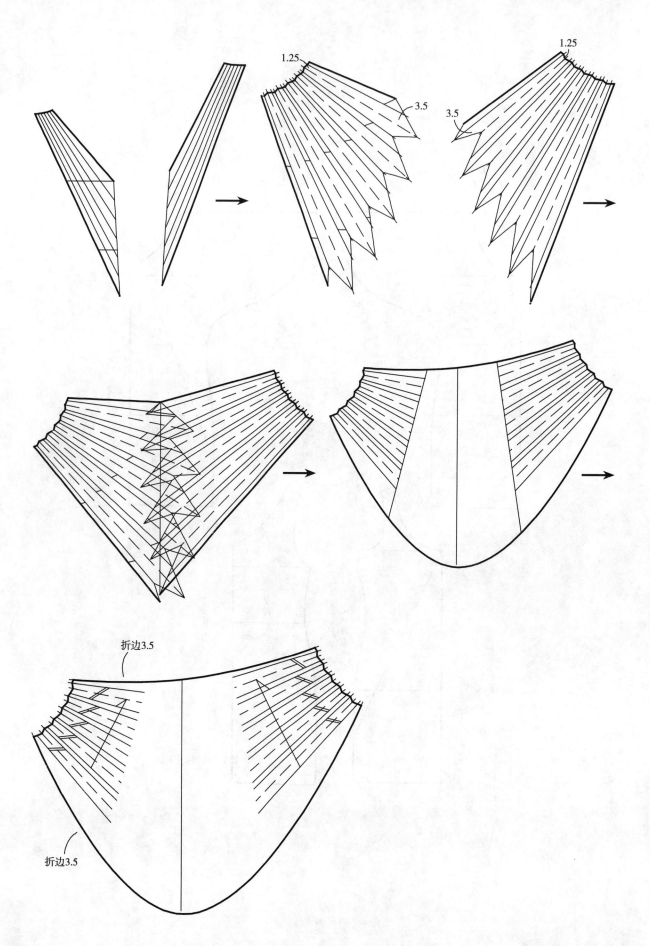

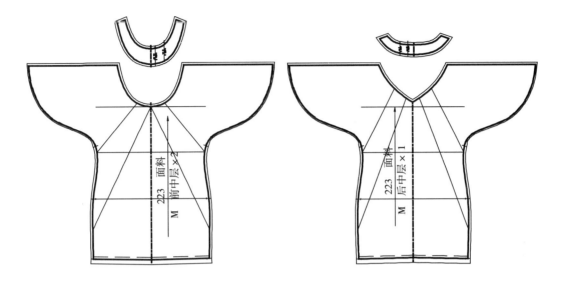

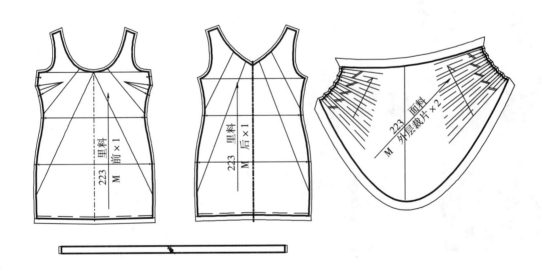

第二十七节 时尚袖型印花连衣裙

款式特点:非常时尚的中袖,肩宽因此缩进了3cm。

制图尺寸

单位:cm

部位		M	档差
后中长		76.5	1.5
胸围		92	4
腰围		88	4
摆围		114	4
肩宽		34.5	1
袖长		35	**1**
袖口		28	1
袖肥	(参考尺寸)		
袖窿		45	2

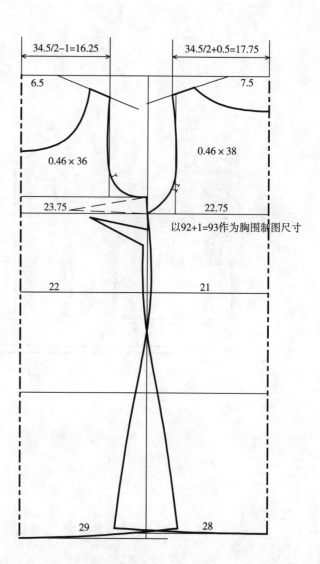

没有吃势的一片袖

各展开1cm

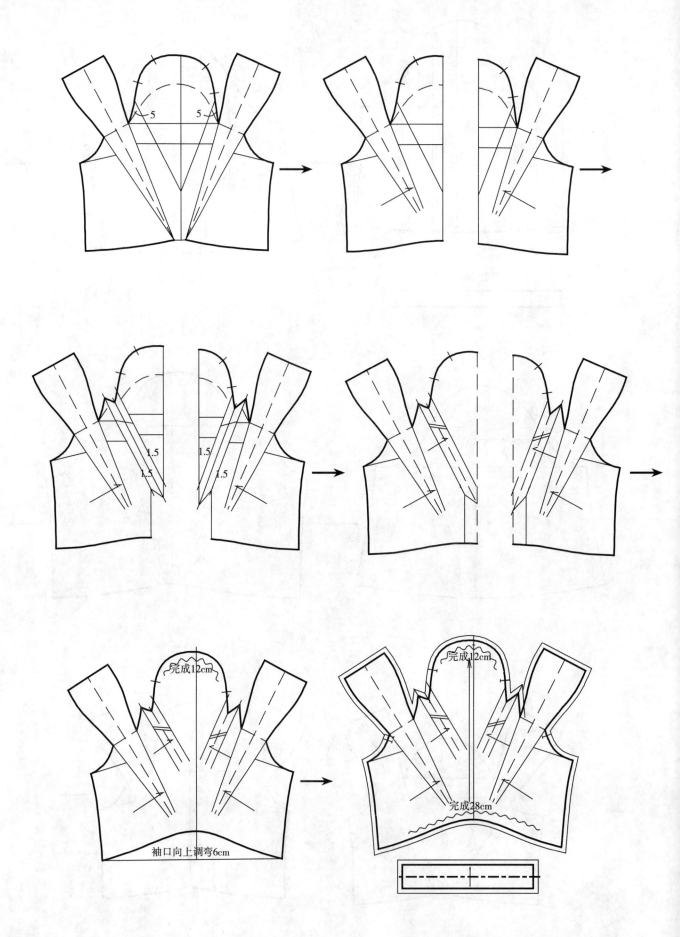

为什么会出现后背宽或者前胸宽比肩宽还要宽的现象?

在实际中,我们发现袖子有很多褶或者皱量比较多时,肩宽缩进以后会出现后背宽或者前胸宽比肩宽还要宽的现象,这时需要调顺袖窿线条尽量保持前后袖窿的圆顺。

第二十八节　船形领橡筋短袖领口收褶大摆连衣裙

款式特点：袖口缉橡筋线收缩，下摆由矩形裁片做成，腰节断开。

制图尺寸

单位：cm

部位		M	档差
后中长		75	1.5
胸围		90	4
腰围		73	4
摆围		125	4
肩宽		34.5	1
袖长		13	1
袖肥	（参考尺寸）		1.5
袖口	（橡　　筋）	28	1
袖窿		44.5	2

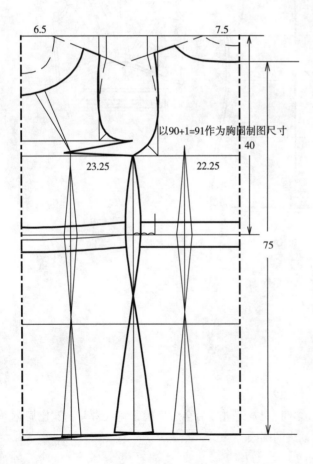

以90+1=91作为胸围制图尺寸

6.5　　7.5

23.25　　22.25

40

75

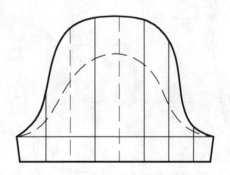

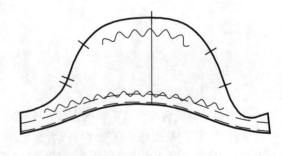

矩形裙片褶量的计算方法

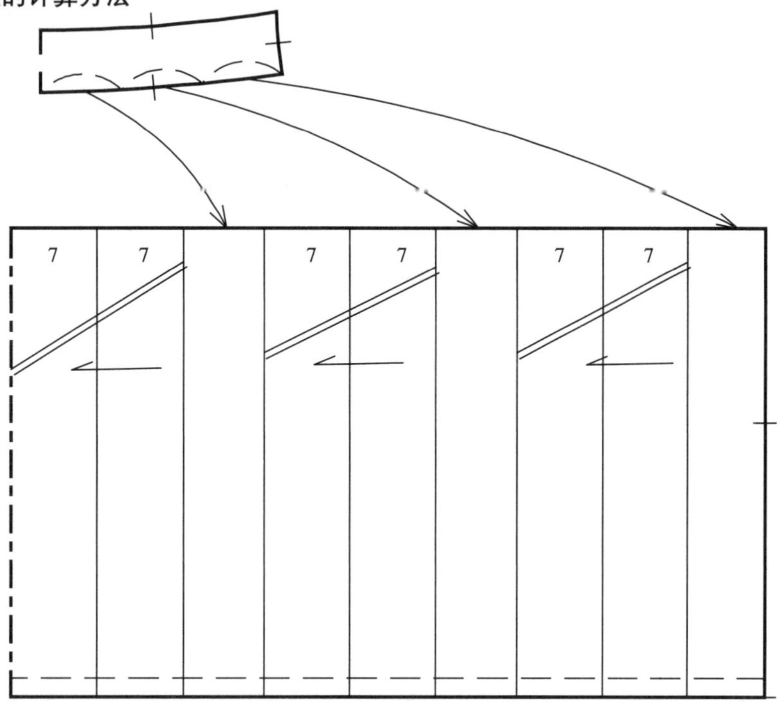

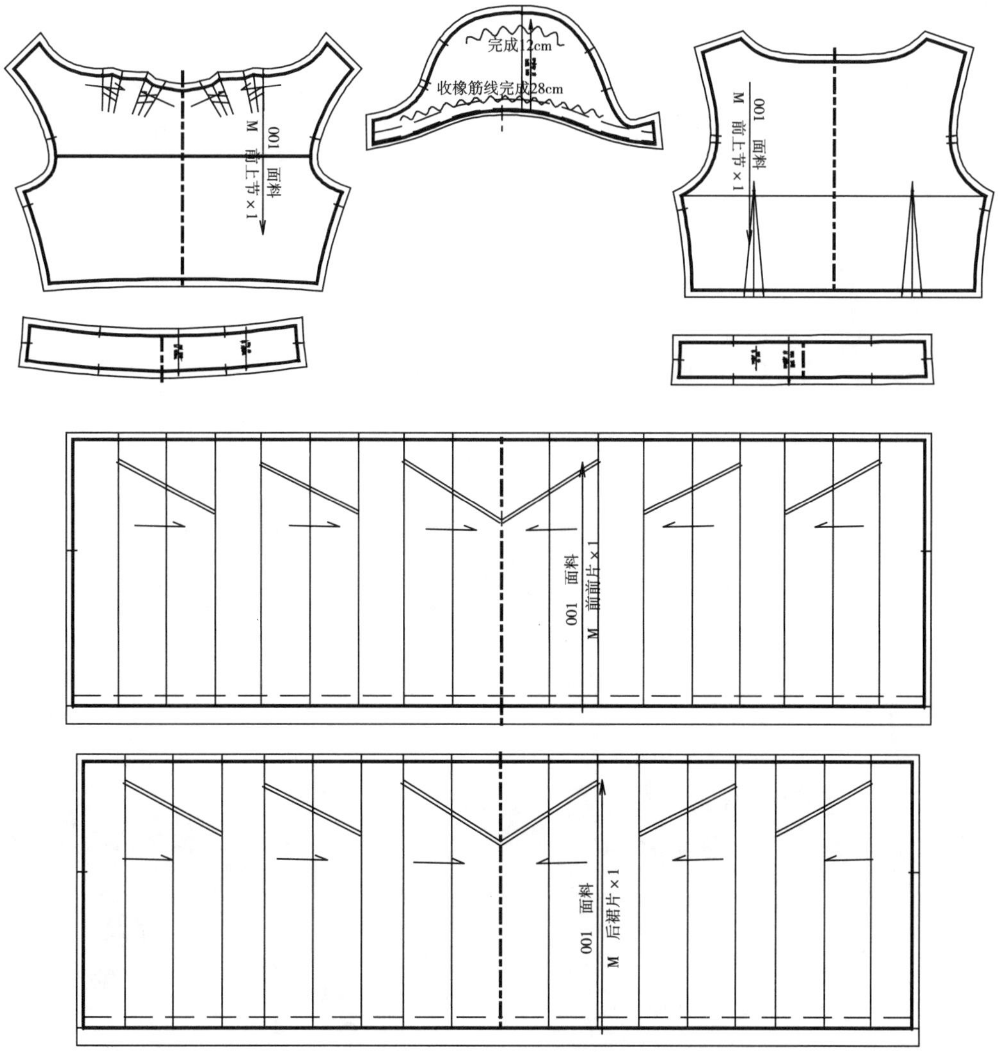

完成12cm

收橡筋线完成28cm

001 面料
M 前上节×1

001 面料
M 前上节×1

001 面料
M 前裙片×1

001 面料
M 后裙片×1

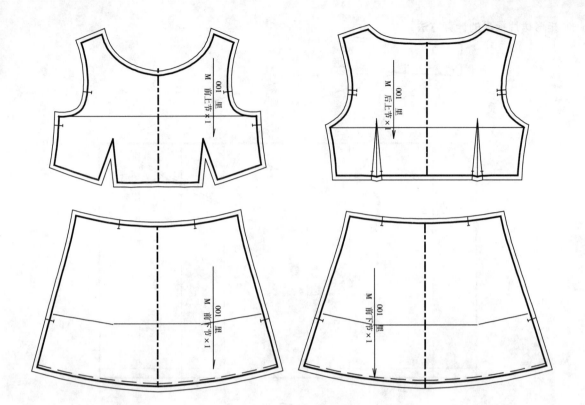

第二十九节　系带式交叉褶连衣裙

款式特点:后领系带,腰部交叉褶。

制图尺寸　　单位: cm

部位	M	档差
后中长	59	1.5
胸围	92	4
腰围	75	4
摆围	135	4

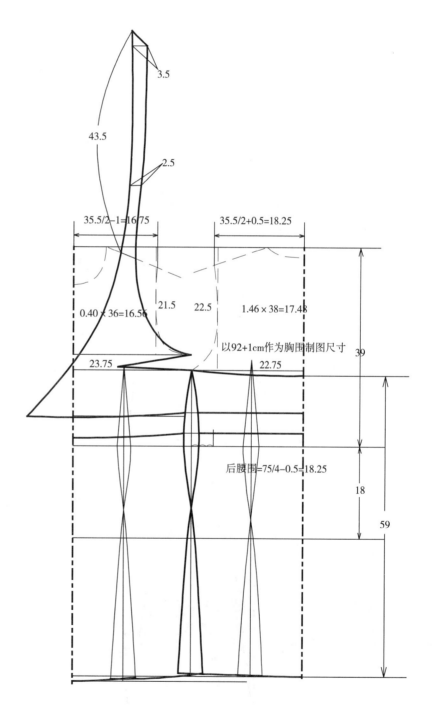

3.5

43.5

2.5

35.5/2-1=16.75

35.5/2+0.5=18.25

0.40×36=16.56

21.5

22.5

1.46×38=17.48

以92+1cm作为胸围制图尺寸

39

23.75

22.75

后腰围=75/4-0.5=18.25

18

59

首先要确定交叉多少　假设为1.5

展开下层的褶

把这个小三角复制一分　对接到另外一边

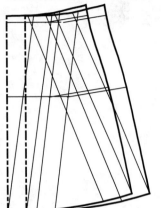

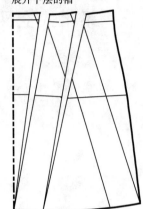

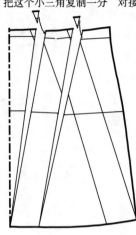

重新连接展开的线条

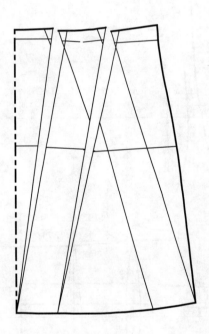

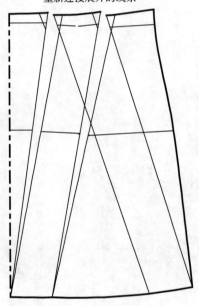

上层褶的展开量不能小于下层褶量a的三倍

最后画好省折线

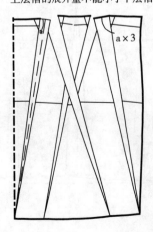

a×3

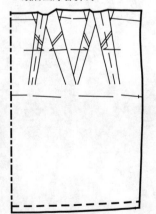

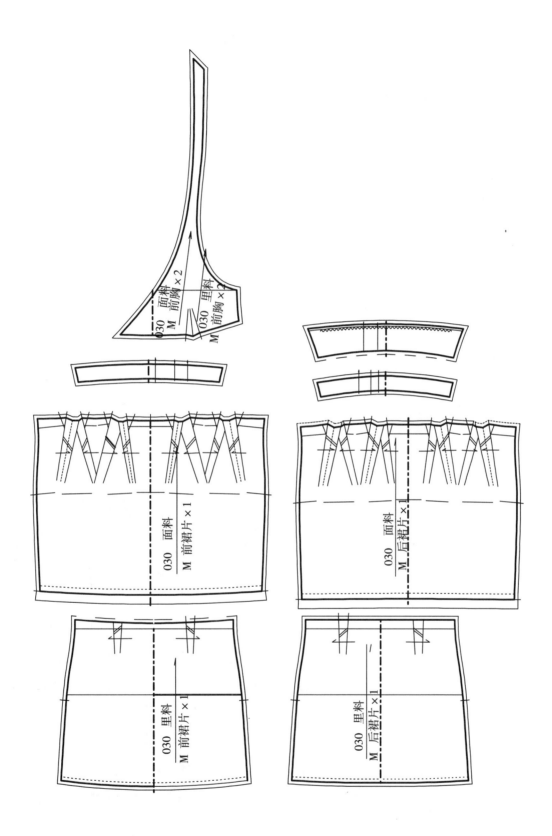

第三十节　多褶连衣裙

款式特点：面层为网布，内层为绿色布或者其他颜色布料，有 10 个放射状活褶，六分袖。

制图尺寸

单位：cm

部位		M	档差
后中长		90	1.5
胸围		92	4
腰围		75	4
摆围	（内层）	90.5	4
肩宽		37.5	1
袖长		36	1
袖口		25	1
袖肥		32	1.5
袖窿		45	2

第一步　画底稿

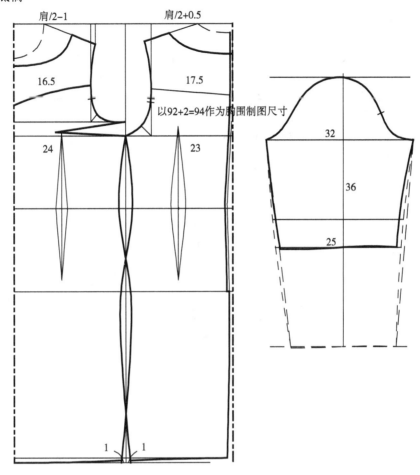

肩/2-1　　　肩/2+0.5

16.5　　　17.5

以92+2=94作为胸围制图尺寸

24　　　23

32

36

25

1　1

第二步　左右不对称图形

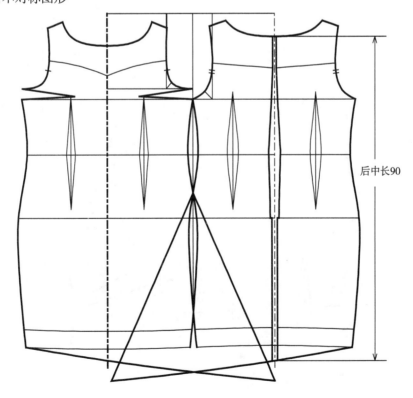

后中长90

第三步　画出褶线

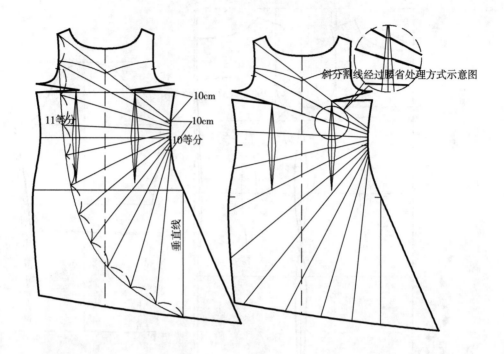

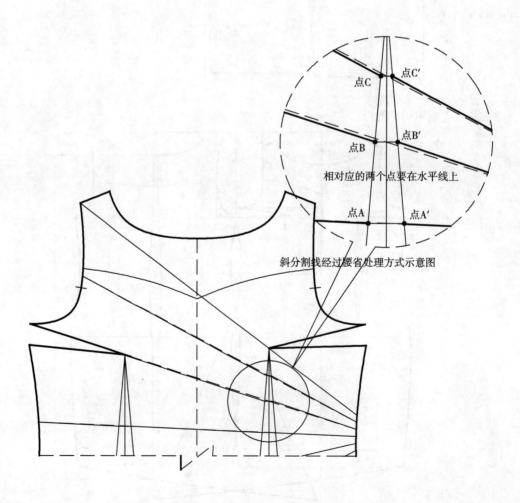

第四步　转胸省和腰省

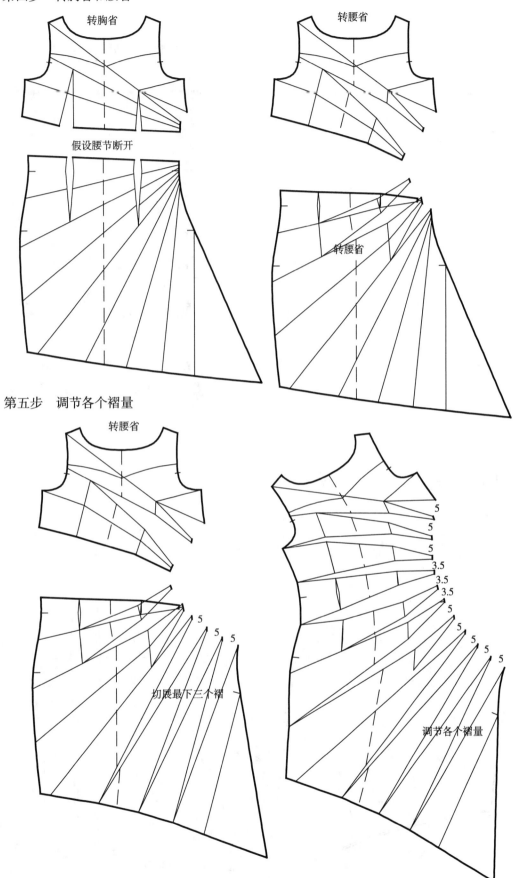

转胸省

转腰省

假设腰节断开

转腰省

第五步　调节各个褶量

转腰省

切展最下三个褶

调节各个褶量

5
5
5
3.5
3.5
3.5
5
5
5
5

5
5
5

第六步　完成裁片

第七步　坯布试制效果

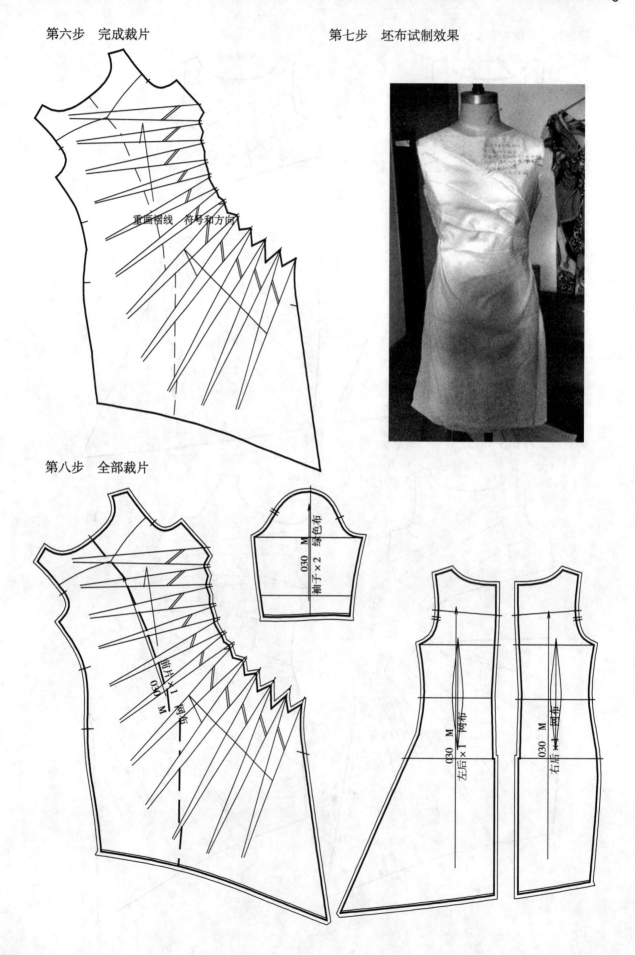

重画褶线　符号和方向

第八步　全部裁片

前片×1　网布
030　M

袖子×2　绿色布
030　M

左后×1　网布
030　M

右后×1　网布
030　M

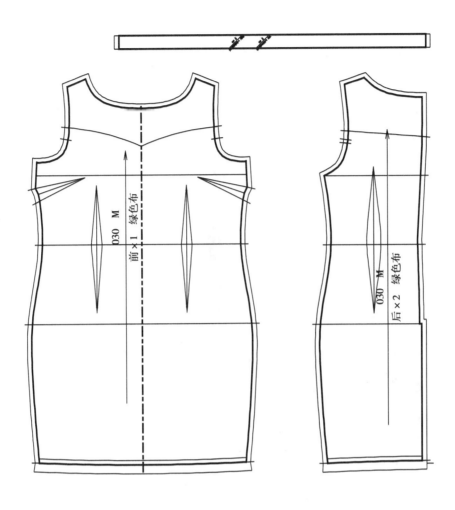

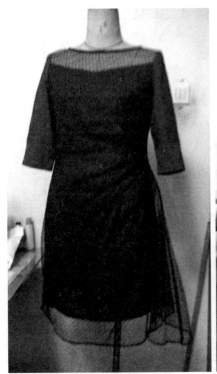

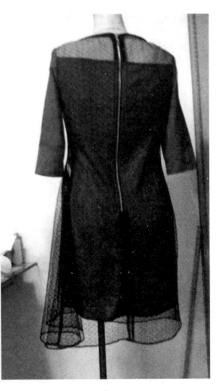

第三十一节　针织布手工抽线花纹连衣裙

款式特点: 针织布连身袖款式,前胸手工抽线做成花纹。

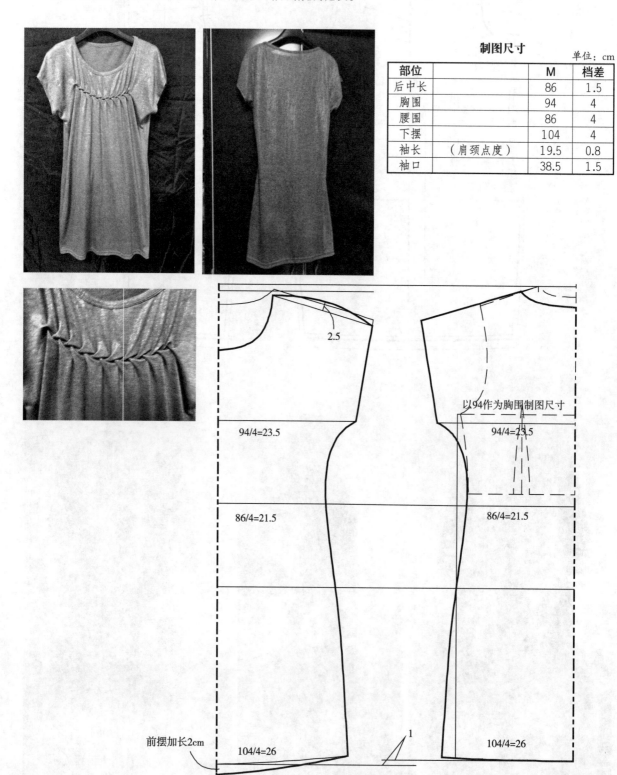

部位		M	档差
后中长		86	1.5
胸围		94	4
腰围		86	4
下摆		104	4
袖长	(肩颈点度)	19.5	0.8
袖口		38.5	1.5

制图尺寸

单位: cm

2.5

以94作为胸围制图尺寸

94/4=23.5

94/4=23.5

86/4=21.5

86/4=21.5

前摆加长2cm

104/4=26

1

104/4=26

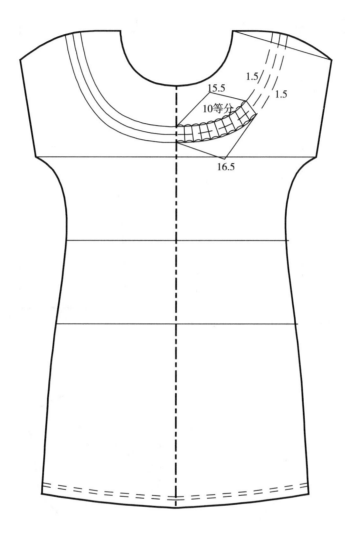

15.5

1.5

1.5

10等分

16.5

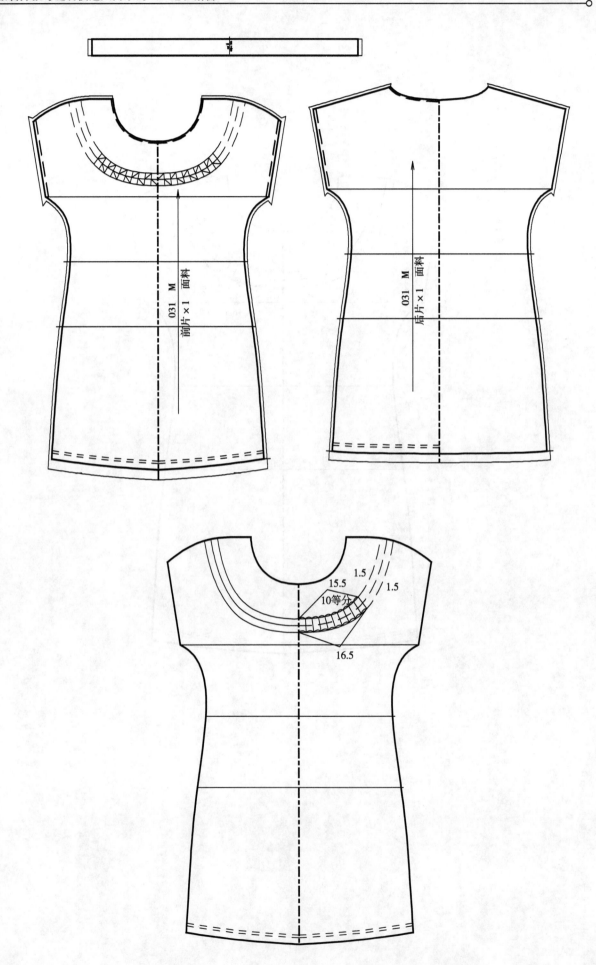

附：抹胸式通勤连身裤

制图尺寸

单位：cm

部位	度量方法	M	档差
后中长		136	1.5
胸围		92	4
腰围			4
摆围	（参考尺寸）		4
肩宽			1
袖窿	无袖	44	2
臀围		96	
膝围		37	
脚口		33	
前裆长		25.8	
后裆长		36.8	

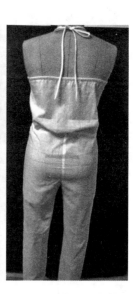

上衣基本型

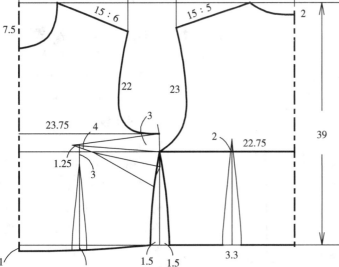

款式特点：常见的连衣裙是上衣和裙子的组合，这一款是上衣和裤子的组合，连身裤虽然不属于连衣裙范围，但是它的处理方式比较独特，所以本书整理、收录了这种类型的款式变化，以供读者参考。

什么是通勤装

通勤装通俗的讲就是指那种能够同时穿在工作、学习、休闲或者娱乐等场合的服装，它并不局限于某种特定场合。不像睡衣只能家里穿，职业装只能在工作场合穿。

连体裤的机能要求和制图原理

连体裤是由上衣和裤子连接在一起组成的，但是不能简单地理解为上衣和裤子直接连接,因为我们要考虑到人体活动时的机能要求,当人体在弯腰和下蹲时,后臀部会绷紧,并把后腰向下拉拽,同时前腰会起皱。另外,当人体手臂上举时,上衣的侧摆会抬起,同时(袖山部位会起皱,)这两个部位的机能变化所产生的量在非连体的款式中并不影响人体活动。但是,当上衣和裤子相连时就会使人难以活动,因此,连体裤必须中腰和裆的位置加入足够的松量,一般有袖子的款式加入 12cm 左右,无袖款式加入 8cm 左右,如果与下半身连接的裤子是属于非常宽松的裙裤和大裤裆板型,则只需要加入 2cm 即可。

(其实,连衣裙也是这样的原理,只是连衣裙没有前后裆,人体下蹲时后臀绷紧的现象不太明显,需要加入的松量很少,只需要把短裙后中下降的 1cm 包含在内即可)。

为了使加入的量能够在腰部自然兜起,而不至于下坠,通常要在腰部采取缉松紧带(橡筋带),抽绳,收皱或者加腰节的方式进行处理。

弯腰后裆绷紧的状态　　　　手臂抬起的状态

裤子偏中线处理

由于人体在自然站立和运动时,裤子的中线并不是完全垂直于地面的,而是向外有所倾斜,所以现代的裤子中线向外偏移,经过偏中线处理后的裤子会更合体,穿着更舒适,更有卖相,还可以解决低腰裤裤腰角度拼接不顺的问题,另外通过实践发现,偏中线能缓解猫须现象。

偏中线的两种方式

偏中线有两种方式,第一种是西裤偏中线,因为西裤要求烫中缝,所以只能以前腿围线中点作为圆心,使中线有所倾斜。

第二种是合体裤偏中线,低腰裤、牛仔裤、铅笔裤、窄脚裤都属于这个范围,这些裤型不要烫中缝,而是采用扁烫的形式,所以中线可以平行向外侧移动。

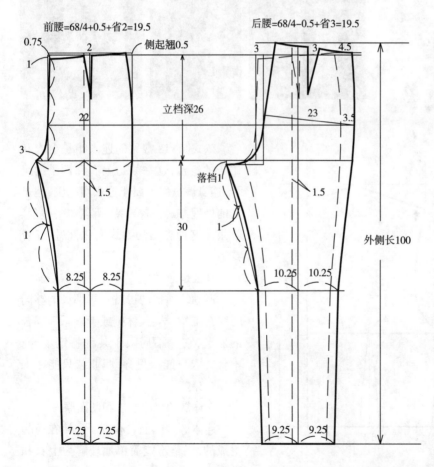

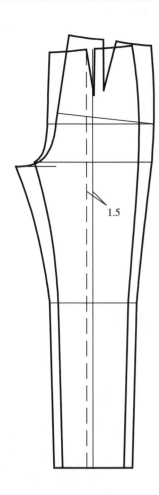

1.5

常见女裤偏中线幅度参考表

单位：cm

西裤	牛仔合体裤	宽脚裤	喇叭裤	哈伦裤	针织铅笔裤	短裤
1.5	1~1.5	0	1.5	0	1	1~3

上下组合的状态

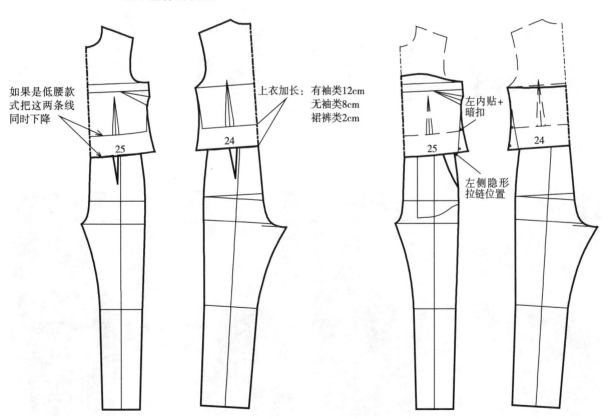

如果是低腰款
式把这两条线
同时下降

上衣加长：有袖类12cm
　　　　　无袖类8cm
　　　　　裙裤类2cm

左内贴+
暗扣

左侧隐形
拉链位置

内贴和隐形拉链：

内贴＋隐形拉链可以保持腰部有一定的兜量，这种做法也可以用在连衣裙的一些款式中，如下图所示。

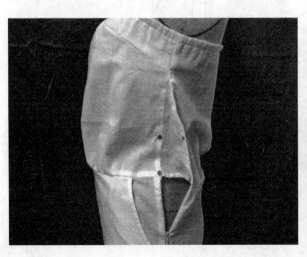

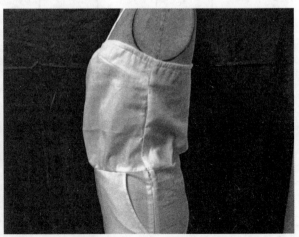

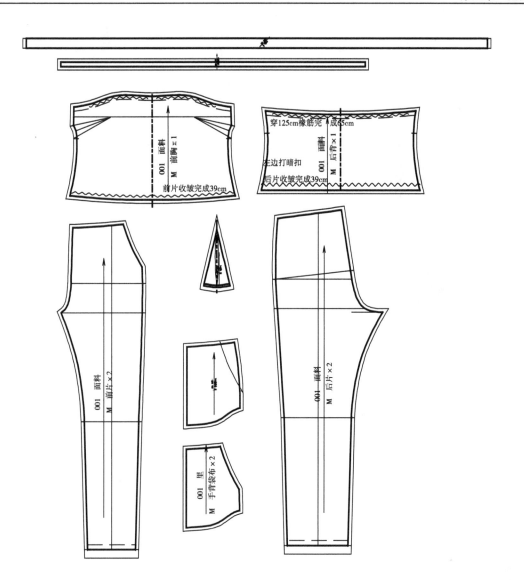

腰部的处理方式：

① 有门襟的处理方式

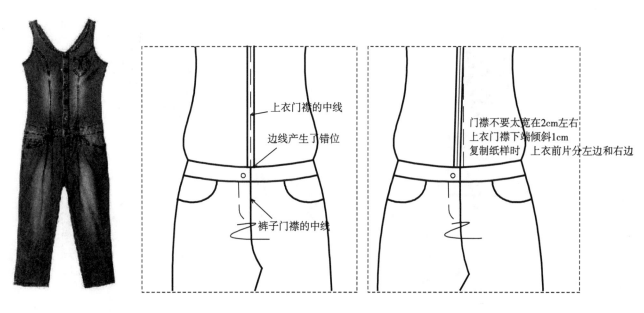

上衣门襟的中线

边线产生了错位

裤子门襟的中线

门襟不要太宽在2cm左右
上衣门襟下端倾斜1cm
复制纸样时　上衣前片分左边和右边

② 穿橡筋的处理方式

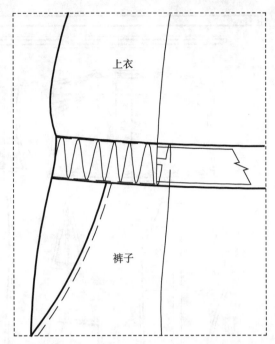

腰部穿橡筋示意图

③ 穿绳的处理方式

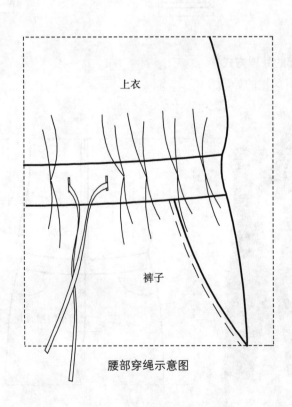

腰部穿绳示意图

第五章 连衣裙特殊裁片的放码

放码技术包含了不动点和不动线设置,档差依据,总体档差与局部档差,档差分配的原则,顺延放码,展开放码,对齐放码,底稿放码,增加和减少放码点,哪些部位设置为通码,哪些部位适合两个码一跳,怎样检查档差的正确性,怎样根据已知档差来测试出未知档差,怎样用白纸放码等诸多内容,限于篇幅本书不作详细分析,读者朋友可参考作者所著的《女装工业纸样——内/外单打板与放码技术》一书。这里只对特殊裁片的放码方法进行分析阐述。

一、多褶裁片放码

多褶的裁片会因为褶的数量和褶量大小不同,使档差发生变化,这时仍然要同时兼顾保型和保持总体档差的数值不变,方法见下图。

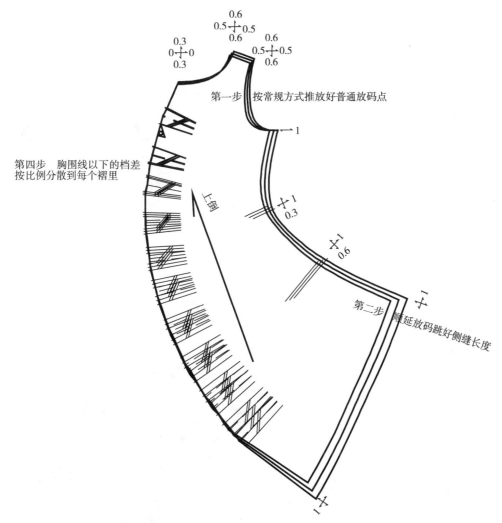

第五步 下摆跳成平行线状态,保持裁片的形状不变

二、圆形裁片怎样放码

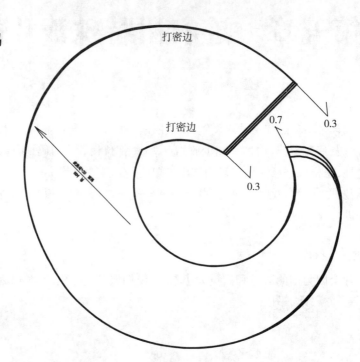

三、小盖袖放码

四、褶裥袖放码

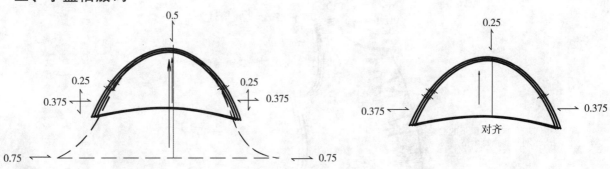

第一个褶所有放码点竖向都为0.5

第二个褶所有放码点竖向都为0.5
横向都为0.1

第三个褶所有放码点竖向都为0.5
横向都为0.2

五、收省短袖放码

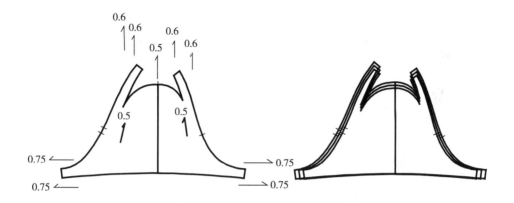

六、吊带款式档差分配

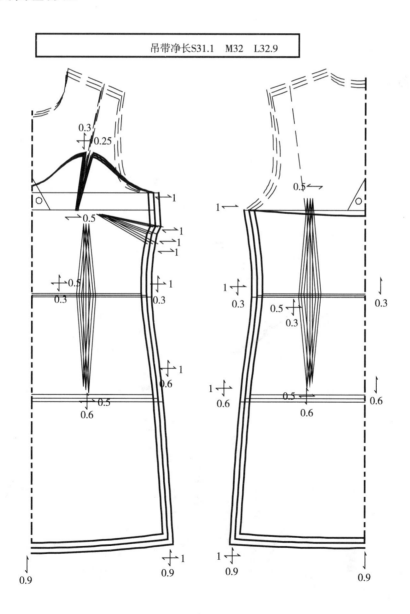

七、整圆下摆放码

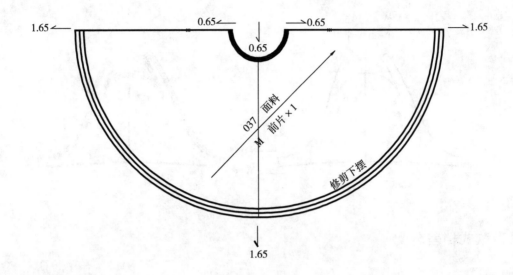

八、半圆下摆放码

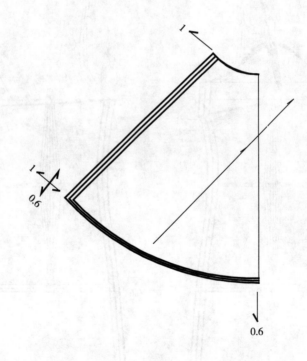

九、前后片连在一起的放码

当前后片连在一起时,就需要采取灵活的处理方式,但是一定要保持总体档差和局部档差都是正确无误的,下面的图形是把不动点放在后中线和胸围线的交点上进行推放的状态。

档差　后中长:1.5,胸围:4,腰围:4,臀围:4,摆围:4,肩宽:1.袖窿:2。

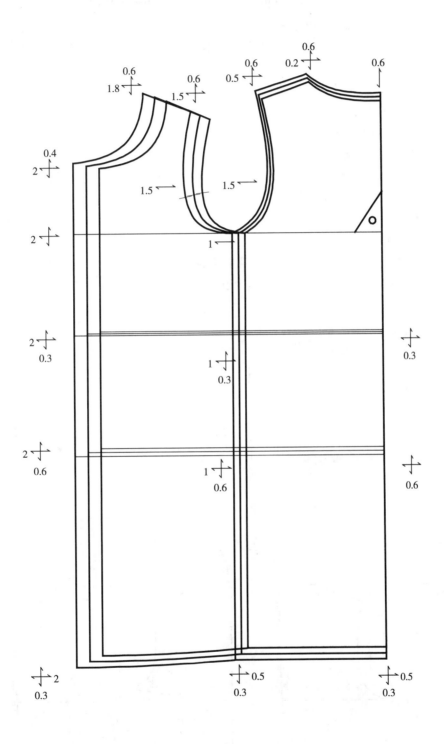

第六章　服装打板技术答疑

　　自作者的《女装工业纸样——内 / 外单打板与放码技术》和《图解女装新板型处理技术》出版后,作者收到众多读者的邮件、电话和信息,其中有热情的赞誉和关注,也有更深层次的探讨和交流,还有很多疑问与疑惑,有很多的问题由于时间关系没有及时的回复,在本书完稿出版之际,对读者提出的问题进行了归类和整理,统一进行回复。

　　1. 问: 鲍老师您好您书中介绍的是什么类型的打板技术?

　　答: 我们使用的是一种适合工业生产、批量生产的数字化打板技术,最大限度地简化了繁琐难记忆的公式,当然也吸收了比例法和原型法的优点。

　　2. 问: 服装打板技术好学吗?

　　答: 服装打板技术还是有一定的难度的,不是每个人都适合学习打板,但是打板技术不需要很高的学历,(当然,有高学历更好),和电脑编程等职业相比,还是比较好学的,有服装缝纫基本功的学员,经过 3 ~ 4 个月的打板强化培训,再到服装公司去实践,能够保持住不退转,三年可以小成,五年则可以运用自如了。

　　3. 问: 为什么您的书中没有计算袖隆深的公式?

　　答: 我们是不确定袖隆深的,确定了袖隆深,袖隆的精确数值就很难对得上,就像袖山和袖肥,我们在使用 CAD 时只能确定其中的一个数值,袖隆深也是这个道理,具体的制图步骤如下图:

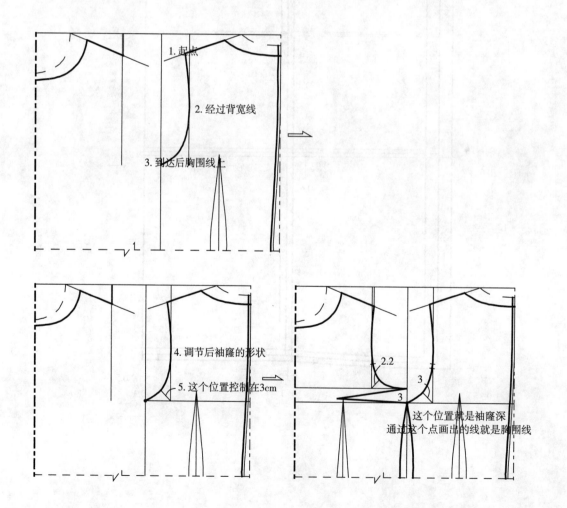

对于这个问题的争论其实就是单件量体裁衣和工业纸样之间的争论,因为过去的师傅都是采用公式法确定袖窿深的,至于袖窿尺寸要求并不严格,而工业纸样有时客户会提供各部位的尺寸,其中包括袖窿尺寸,思维敏捷的朋友可以灵活通达地运用两种方法,而初学者则需要解放思维,保持空灵的心态,善于领悟和接受新生事物。

4. 问:衣身平衡是怎样确定的?

答:衣身平衡的概念是从日本文化式原型打板技术中引申过来的,而我们使用的是数字化打板技术,并且每一款结构图都是前后片放在同一个平面上,已经确定了位置,所以整体上不存在衣身平衡的问题,而局部的衣身平衡和"调整板型"的概念是相同的,笔者将在以后的作品中专门阐述。

5. 问:为什么我们的老师教的基本型上前片上平线向上升高的,而您的书中是前、后上平线是水平的?

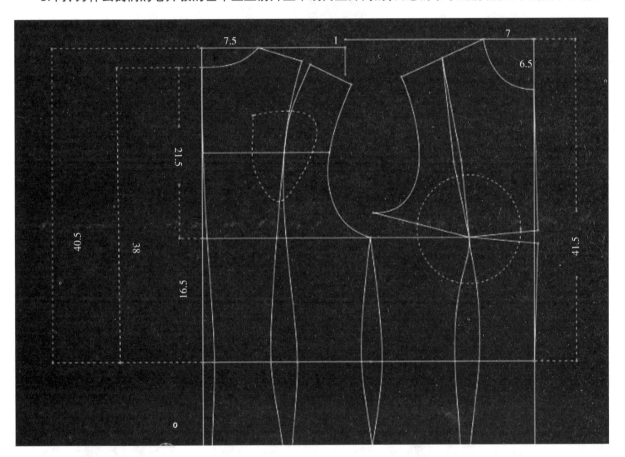

答:这个图自成完整体系,看上去没有什么问题,但是,前上平线的高度与胸省量和肩缝位置这两个因素有关联,如果胸省量为 3cm,前上平线高于后上平线,产品完成后肩缝就会后移,从视觉上看,肩缝前移比较符合我国服装的特点,所以我们的基本型前、后上平线是水平的,如果你在深圳用这个图去应聘,恐怕连面试都无法通过了。假如你设置的胸省量为 4cm 或者 5cm,倒是可以把前上平线上移的,另外,如果是没有胸省的结构,为了使前胸空间增大,前上平线也可以上移。

6. 问:为什么纸样都需要修改? 为什么不能一步到位?

答:所有的工业产品都不是一步到位的,都是通过不断的升级和优化,来得到更好的产品,一步到位的观念是服装界一个严重的误区。试想一下,如果能一步到位,(妙手偶得的情况除外,)服装公司就不需要有样衣工这个职位了,可以节省很多成本。但是深入服装生产一线就会发现,没有一家服装公司愿意用头板纸样去生产大货,这样做就意味着产生不可挽回的失误和损失。

在实际工作中,不但头板纸样和复板纸样需要修改,就是已经批量生产过的纸样,再重新生产之前,有时也会需要适当修改。

7. 问：为什么我们学校要求学员记住下图的这些公式，这些公式一定有用吗？有没有更简洁的方法？

答：公式是有用的，但是你使用的是传统的十分比的方法，可以用百分比的方法进行简化。比如你的笔记中第 8 项写到：前宽线 = 胸围的 2/10−1.8=94 × 2/10−1.8=18.8−1.8=17，我们可以简化成，半胸围 47 的 100 等分为 0.47，再乘以前胸宽的比值 36=16.92，你看两种方法计算的结果是非常接近的。如果你不知道百分比的比值是多少？可以用十分比的结果除以百分比的等分数，即用 17 除以 0.47=36.1，那么这个 36 就是前胸宽的百分比的比值了，其他的部位也可以用这种方法来推算。

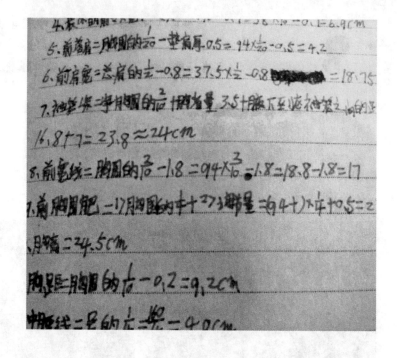

另外，我们学习的是工业纸样打板技术，是以标准人体来作为基码的，有很多部位的数值是固定的，这一点和传统的量体裁衣的方式完全不同。

8. 问：宽松针织衫腋下起褶，怎么处理？

答：这是宽松针织衫常见的一种现象，处理方法是：设置 1.5cm 的胸省，再把胸省转移到领口，领口省的省量保留一半，归拢在领圈里面，另外一半从前中劈掉，前下摆也做相应调节即可。

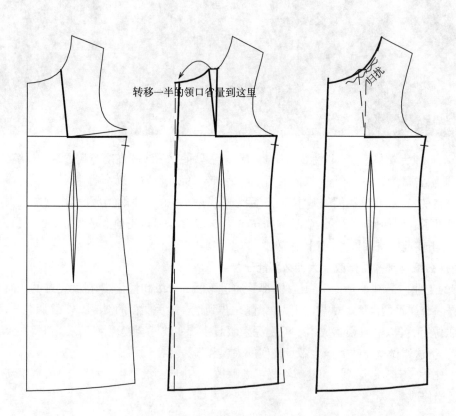

转移一半的领口省量到这里

9. 问：驳样时遇到 4cm 和 5cm 胸省的款式应该怎样处理？胸省到底设为多少才合适？

答：从理论上来说，胸省量越大，衣服越合体，但是胸省量太大会产生衣服整体不平服的现象，所以一般情况下，我们把胸省设置为 3cm 就可以了，如果在驳样时遇到胸省量很大，可以把前片上平线向上移动 1~1.2cm，如下图所示。

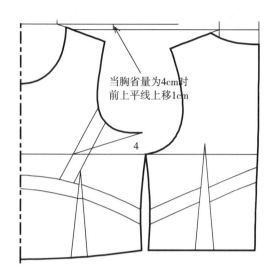
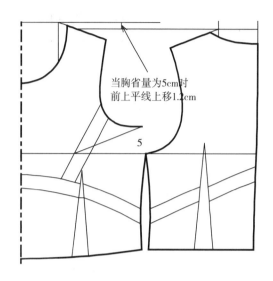

10. 问：请问板型是什么含义？什么样的板型才算是好板型？

答：从字面上解释，"板"就是样板，"型"是指由此产生的美感造型，而美感是一个很广义的概念，这样就造成了大家常常心中有疑惑：我学的是不是好的板型技术，或者是我使用的是不是高级的板型技术？实际上，任何打板方法都是建立一个总体的框架，这个框架包含了尺寸设置，被整理规范了的数据和计算公式等，不同的打板方法只存在方便程度，快捷程度，易记程度的区别，板型区别不是很明显的，好的板型不是一步到位打出来的，而是通过修改、调节、微调、优化和升级才能得到的。

11. 问：胸省转腰省后不平服怎么办？

答：胸省转到腰省以后，腰省省量会变大，会出现胸部不平服，这时只要把省线调成"S"形，注意调弯的方向是使省的角度变小的方向即可，如下图所示。

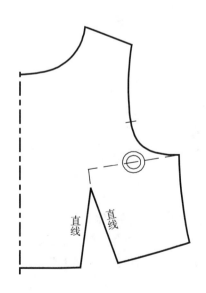
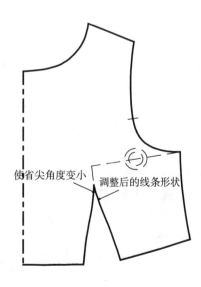

12. 问：为什么西装和大衣的后里布要从后中断开？

答：这是因为断开更容易排料，更加节省材料。

13. 六分袖和六分裤是怎样计算的？

答：假设袖子的总长度是 60cm，那么分成十等分，每一等分为 6cm，六分袖就是用 6 乘以 6=36cm，七分袖就是用 6 乘以 7=42cm，裤子可以假设总长为 100cm，那么六分裤就是 60cm，七分裤就是 70cm 了。

14. 问：插肩袖和连身袖款式，如果领横比较大，肩颈点应该怎么处理？

答：不论领横偏移多少，都要以基本型的肩颈点来绘图，如下图所示。

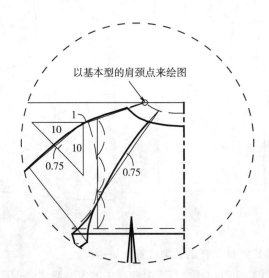

15. 问：我给一位中年妇女做一件针织连衣裙，净胸围为 100cm，净腰围 87cm，那么我打板时的胸围和腰围的尺寸应该设置为多少才合适？

答：针织连衣裙的尺寸设置和面料弹力的大小有关，和流行趋势也有很大的关系。通常我们把尺寸设置分为以下四种情况：（1）年轻女性紧身型，胸围比净尺寸小 4cm 左右。

（2）稍宽松型，胸围和净尺寸大小一样大。

（3）中年女性，胸围比净尺寸小 1cm，即 99cm。

（4）宽松型，可以继续增大。

腰围尺寸可以用净腰围 87+4cm=91cm。

16. 问：我在做样衣的时候，发现半成品的三围尺寸都小了，我是应该继续按照纸样如实的做下去？还是把缝边做小一些来完成？

答：应该把缝边做小一些来完成，同时要通知纸样师傅更改纸样，否则你就要承担大货与样衣不相符的责任。

17. 问：鲍老师你好：我是您的读者，我看了您最新的《图解女装新板型处理技术》一书，我做一粒扣女西装穿到人身上，出现了前胸宽往两边跑的现象，不知怎么解决？

答：这是因为前领太深，前中部分失去了控制，你只要把前袖隆弯度挖深一些，其他部位相应改动一下就好了，这个问题属于微调的范畴。

18. 问：怎样才能成为制板高手？

答：一流的技术人才都是从生产一线经过无数次失败才培育出来的，你要想成为制板高手，先问问自己有没有经历过失败？失败和成功一样有价值，高以下为基，贵以贱为本，年轻的朋友要契入社会，放低身段，从一针一线的小事做起，从最基层的工种做起，一个没有社会阅历的人，一个没有失败和痛苦体验的人，一个没有吃过百家饭的人是不可能成为高手的。

19. 问：有人声称发明了免计算的打板尺子，这种发明有实用性吗？

答： 一直都有服装界的人士声称发明了完全不需要计算的尺子，不过目前还没有见到真正可行的成果出现，也没有看到在实际工作中能够普及开来，另外，其实下图所示的我们现在使用的码尺已经很完美了。

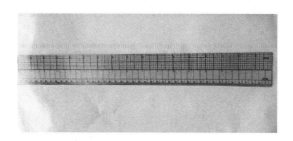

这种码尺一半是厘米，一半是英寸，透明而柔软，配合不同的手法可以轻易的画出实线、虚线、各种弧形线、同心圆、角度线。只是发明码尺的人已经无从考证了，感谢这位无名氏对服装工业生产做出的杰出贡献。作者也尝试过一些其他的尺子，最终还是被淘汰掉。任何神乎其神的推销和宣传都不能代替我们真实的体验和体会。

20. 问：我是一名刚走上工作岗位的纸样师，公司通知我下午去参加批板现场会，请问怎样批板？

答： 批板是指由试衣文员试穿样衣，通常由公司设计、板房、生产部、销售等负责人共同来研讨审核，主要从各个角度来研究服装的合理性，评判尺寸、工艺、风格、是否起吊、腰节是否水平、造型是否能达到要求等各方面的问题，纸样师要在现场做笔录，在复板时进行改正。（左下图）

21. 问：女裤的腰围外侧缝，有的师傅是从前片的外侧点向外移动 5.5cm，有的师傅向外移动 7cm；外臀围的点，有的师傅是从前片向外移动 3.5cm，有的又有所变化。那么，到底哪一个方法是正确的，这些数字有什么依据？（右下图）

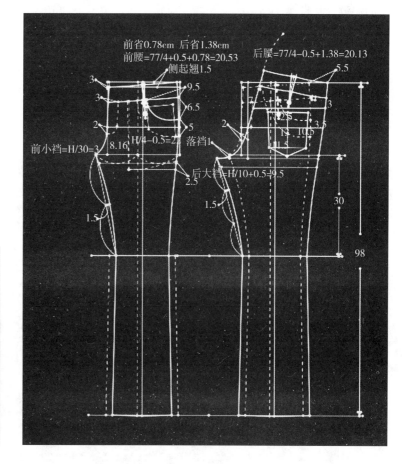

答：在上面这个图中可以看出，前中和后裆缝错开了 2cm，而前臀围的计算公式是 H/4-0.5，后臀围的计算公式是 H/4+0.5，这样就有了 1cm 的差数，实际上后臀围线并不是水平的，而是倾斜的，这条倾斜的线和水平的线之间存在 0.5cm 的差数，这几个数加起来等于 3.5cm，这样外臀围的点，就从前片向外移动 3.5cm。而腰围外侧的点并不是固定的，这个数越大，外侧缝越直，裤子做好后，整体越平直，当然同时要兼顾考虑到后裆缝的形状不要太倾斜。

另外需要特别说明的是，现代裤子板型一定要把前、后中线向外侧偏移。

22. 问：为什么我的师傅教我袖窿和袖山刀口是从上向下计算，并且是通码的，而您的书中正好相反？

答：首先要明确刀口的作用，刀口的第一个作用是对位，即袖山和袖窿对位；第二个作用是控制吃势，因为袖子的吃势是仅在袖山的上半部分的，刀口从上向下计算也是可行的，只是在使用电脑放码中的特殊工具如"距离平行点"会不太方便。

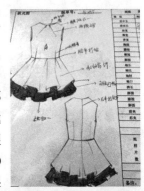

23. 问：请问鲍老师，这个款（右图）的下摆围的尺寸有多少厘米？

答：经常有朋友提出这一类的问题，比如：腰带应该做多少长度？或者某某部位要做多少长度？其实这一类问题只需要你动手试验一下，结果就出来了。而我们有很多的朋友，不愿意动手试验，也可能是不相信自己的动手能力，他们总希望能有一位大师级人物，直接告诉他最终的答案，甚至有的朋友向我索要基本型 CAD 文件，他们希望一劳永逸，而不相信自己的双手和双眼，这几乎是一种通病，如果你是一位务实的技术人员，一定要通过动手试制来消除自己心中的疑虑，而不是希望有人告诉你一个固定的数字，服装打板技术注重的是动手能力的训练和培养，动手能力其实是一种手感和体会思维，是一种迅速提高自己能力的新的思维方式。

24. 问：为什么我做的连身裤前裆出现猫须现象，怎样解决？

答：第 26 届世界大学生运动会在深圳南山区举行期间，出场的礼仪小姐所穿着的短裤都有猫须，这说明什么？说明她们的短裤板型不合格吗？当然不是，说明猫须并不影响美观，如果完全没有猫须，并不见得美观。

25. 问：纸样样片的标注有什么样的标准？

答：纸样的标注可以参照下图这个日本纸样的图形，在这个图中，每个裁片有款号，名称，面料属性，片数，码数，刀口，明线，工艺示意图等，总之要让使用纸样的人能看得懂。

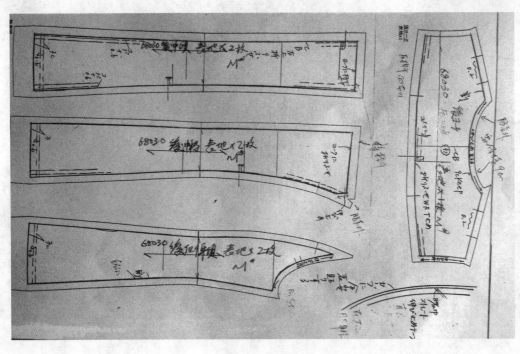

26. 问：我在网上看到这些图片，据说是日本服装打板资料，看上去很精致，也很难懂，请问这些造型是很高级的技术吗？

答：这些图形看起来很玄妙，有一定的参考价值和启发性，但是带有很大的概念性成分，实用性并不大，既费工又费时，如果你深入研究就会发现，这些造型有的并不美观，还有的款式受到面料特征的限制，初学者应重点学习省位转移，配领配袖等基本知识，而不要被这些看似神奇的造型所迷惑。

27. 问：为什么做样衣之前还要求做毛坯样？

答：毛坯样是指用坯布做的样衣，左右对称的款式，毛坯样可以仅做一半，可以不装挂面和里布，只要把门襟和下摆修剪成净边即可，只需简单缝制，或者只用大头针别在人体模型上，就可以准确的检测和调试服装的总体和细节的效果。例如：服装的合体程度，分割线的部位的比例是否合理，线条是否顺畅，同时对领子和袖子多褶和多皱的造型，设计师也可以在这个毛坯样上进行更改构思。

做毛坯样不是增加了劳动量，它可以节省面料，使完成后的纸样达到非常理想的效果，从而使样衣的成功率得到极大的提高，所以很多公司都理性地选择了做毛坯样。

28. 问：纸样师，设计师和样衣师之间怎样处理好关系？

答：纸样师设计师和样衣师是互相合作的关系，实际工作中，常常出现样衣做好后，设计师要求修改，设计师会认为是纸样师的技术不好，或者是板型不好，我们需要再次郑重声明：一定要改变所谓的"一板成型，一步到位"的观念，修改和调整是很正常的现象，好的板型和产品都是经过很多次修改才能得到的，设计师不要因此而怀疑纸样师的技术，而是要不断地提出建设的意见，尽可能把自己想要的效果和纸样师进行沟通，并且要做书面的交代，在实际工作中我们发现，能做出优秀作品往往并不是因为这位纸样师的技术特别高，而是这位纸样师善于沟通。

因此，我们的纸样师在打板之前一定要主动和设计师进行有效的沟通，必须先明白设计师的意图，才能有的放矢，提高工作效率。

样衣师的职责就是试制产品，主动地发现细小的误差和问题。我们希望的是：一件产品在设计，打板，样衣，审批，放码，车间，后道等每一个环节，都能加一分，那么这件产品将会十分完美。而不希望看到各部门之间互相推诿，互相指责。

作者早年也做过一段时间的样衣师，作者对纸样师傅恭恭敬敬，纸样师傅也因此教给作者很多实用的技术和经验，作者发现，纸样师常常会因为时间紧迫或其他原因而出现一些失误，作者的做法是，如果是很重要的失误就要马上通知纸样师傅，以避免出现重大损失，如果是较轻微的问题，不要急于打断纸样师傅的工作状态，而是用铅笔把这些问题写在纸样上面，纸样师傅在检查和整理纸样时就会看到，并进行改正后再擦掉铅笔字。体恤他人工作的辛苦，尊重他人的辛勤劳动在职场上也是极为重要的素质。

29. 问：什么样的打板师才算是真正有技术的好师傅？

答：一天能打两个头板，并且能坚持5年，就是有技术的好师傅，有很多有真才实学的打板师傅，默默的

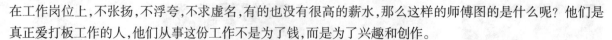

在工作岗位上,不张扬,不浮夸,不求虚名,有的也没有很高的薪水,那么这样的师傅图的是什么呢?他们是真正爱打板工作的人,他们从事这份工作不是为了钱,而是为了兴趣和创作。

30. 问:我买了很多书,看了很多资料,为什么越来越迷惘?

答:这是因为你学的太杂了,学习要一门深入,长期练习,不怀疑,不夹杂,不间断,必然成就。

31. 问:学习打板技术一定要会缝纫工艺吗?不会缝纫工艺能不能学会打板?

答:最好要会缝纫工艺,能够达到做成件和做样衣,这样学习打板比较好学,不会感到非常吃力。不会缝纫技术也可以学,只是比较艰难,进展也会很慢,最重要的是早晚会在实际工作中遇到难以逾越的关卡。

32. 问:我在应聘面试时遇到特别古怪的款式,不知如何下手怎么办?

答:遇到具体结构不明朗的款式,不要过于思虑,过分的思索会制约你的行动,所有服装都是从基本型中演变出来的,这时你要马上画出基本型,再迅速制定一个演变方案,虽然这个方案可以不是最完美的,但是当你动手去做的过程中,就会出现趋势性思路,因为服装打板注重的是动手能力,而不仅仅是逻辑推理的能力。

33. 问:为什么有的人自学打板也能成功?

答:自学打板需要几个条件,① 爱读书。② 有足够的时间。③ 有相当好的服装功底。④ 有良好的人际关系。⑤ 能吃苦。自学成功者的私下里付出了一倍或者数倍的时间和精力,只是别人没看到而已。

相比之下拜师学习,可以花不算多的金钱,在几个月时间内把别人耗费十年、二十年时间积累的技术和经验的精华都吸收过来,这个效率应该是更快更高的。

34. 问:制板有没有什么秘诀?学习的宗旨和技巧?

答:学习打板技术没有秘诀之说,但是如果把秘诀理解为学习技巧,当然是有的。打板技术是非常注重动手能力的,和学历高低的关系不大,服装打板是一门综合技术,它与各个环节有着相互交叉、错综复杂的关系,有相当多的内容是要在亲手操作中不断体会、总结来学会的,学习纸样技术除了具备专业知识之外,还有一个"巧学,肯做,善于应用"的技巧,只有不断地改变思维,大胆尝试,细心总结,充分发挥自己的领悟能力和创造能力,才能够学以致用,要善于解放思想,善于观察事物之间的相通之处,善于体会事物的风格、格调、气势、意境,这些都是和平时的学习、积累分不开的。

35. 福建的读者朋友问道:

(1)您的韩版小西装为何前片要低下 1.8cm?从来都没有见过这种做法。

(2)您书上这种配袖法为什么前袖缝上端要固定在 2cm 呢?日本原型里是可以随意改动的啊!

(3)我是靠看书自学打板的,所以很杂。看吴经熊的配袖书上窄肩往里挖的时候,是不可以挖过袖转折点的,但您的书上都是顺着挖下去的,这样会不会导致袖上部很肥?我按您的方法打过一件,效果都很好。假如借肩量再增多的话会不会有问题?

(4)老师的借肩 1cm,袖升高 4cm,我用在夏装里面非常好。但我还是想请教一下老师,这是什么原理?

(5)还是问老师的袖子,(工作中老师的袖子给我很大帮助,但只会套用,不知道变化),您的耸肩袖、借肩袖、袖中省类的变化该怎样调啊,比如耸袖变高、变低了。

(6)期待您的回复,以后遇到问题再向您请教好吗?

答:(1)《图解女装新板型处理技术》这本书是在基本知识上进行更深一层的研究,有的读者看不懂,是因为这本书本身就不是针对初学者的,当然也有照顾到初学者的内容。韩版小西装板型是我们在公司板房多位纸样师参照韩国样衣共同研究出来的全新板型,已经通过了多次验证。另外,本书中的合体西装袖也是首次公开,非常独特,你在其他书上是不可能看到的。

前上平线高于后上平线,是人体昂首挺胸站立的状态。实际上我们观察人们的日常生活状态,人体都会有少许的前倾,前片下降 1.8cm,就会出现肩缝前移,肩缝前移是符合我国消费者对服装审美的视觉习惯的。

(2)合体西装袖的制图方法是我们经过潜心研究的,和外面所有的师傅及工具书都不一样,控制在 2cm

固定位置解决了前袖点或高或低的问题。

（3）吴经熊先生是服装界的老前辈,只是他所处的时代服装远远没有这么多的新板型。

（4）这个问题其实很好理解,因为泡泡袖的泡起的部分包裹了肩头。

（5）变化和运用之道要参照老子《道德经》第七十七章:"天之道,其犹张弓欤?高者抑之,下者举之;有余者损之,不足者补之。天之道,损有余而补不足。"这是做技术,做艺术的总纲,要高屋建瓴,抓住要领,不要钻牛角尖。善于灵活地、别开生面地思考和解决问题本身就是高级技术,这就是古人讲的心法。

（6）不用客气,文字也是有局限性的,有的绘图手法和过程并不能完全通过书本表达,书只能给大家参考,同时,你们提出的问题也给我带来新的思考,你们都是年轻而思维敏锐的,你们的身体发肤都闪烁着生命的的光辉,现在我教你们,时代在变化,社会在进步,再过几年或者十几年以后可能就要你教我了。

36. 问:我用色丁布做了一件晚礼服,为什么总是皱巴巴的,难以平服?

答:这是由于色丁布比较软,不够挺括的缘故,解决的方法是在面布下面垫一层或者两层欧根莎就好了,也就是说欧根莎是可以当成衬来使用的。另外现在还流行整匹布送到专业的烫衬厂烫衬的,这样也可以解决这个问题。

37. 问:怎样才能找到一个有真才实学的好老师?

答:每一位老师都有他的长处,我们要看到老师的长处,不要挑短处,看人长处,你每天都在进步,挑人短处,就是把自己的贪嗔痴慢疑的习气给勾出来了,找老师有三个原则:

第一:找明师,不要找名师,很多年轻的朋友往往会被一些所谓的专家,教授头衔迷惑了,浪费了时间和和有限资金就很可惜,根据作者的体验,最好去找工厂里的老师傅。或者刚从工厂里面辞职和退休出来的老师傅,也许在你的周围就有,不要舍近求远。

第二:当我们见到这个老师或者见到这个老师的作品、教材、图片资料,机构名称在内心有共鸣感,这就是你要找的老师。

第三:就是要实地考察,要亲身感受教学气氛,要亲身观摩这位老师的讲课,看自己能不能听懂,如果和这些因素能够合拍共鸣,这就是你要找的老师。

后 记

一直以来,服装界的人士都希望能发明一种万能的板型,而实际上到目前为止还没有真正实现,本书作者采取的是与之相反的思维,是把一种类型的服装基本型进行了细化,分成多种不同类型的基本型,用来适应服装各种变化。本书突出原创性,新颖性,配有尺寸表,底稿,全套样片和实物照片,作者希望这是一个非常务实而实用的文本。

由于作者正在构思和编写另外两本新书,需要大量的时间,读者朋友如果有所疑问,或者在工作中遇到一些问题,都可以先集中和整理后,发至作者QQ或电子邮箱,作者将在合适的时间为大家统一答复。

我的 Q Q:1261561924
电子邮箱:baoweibing88@163.com

感谢大家对我的关注,祝:安好,诸事顺利!